天下文化
BELIEVE IN READING

遠距工作模式

麥肯錫、IBM、英特爾、eBay
都在用的職場工作術

Remote
Office Not Required

職場趨勢專家、知名軟體公司 37signals 創辦人

福萊德 Jason Fried
漢森 David Heinemeier Hansson ——— 著

陳逸軒 ——— 譯

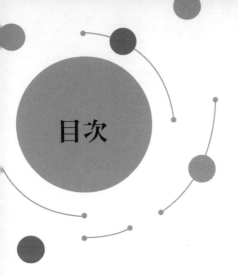

目次

們要嗎？／別人會眼紅／企業文化怎麼辦？／我現在就要答案！／可是，這樣我會失去掌控權／我們可是花了一大筆錢買下這間辦公室／對我們公司或產業是行不通的

各界推薦

《遠距工作模式》令 21 世紀的企業領導者引頸期盼已久。倡導從根本做起的遠距工作型態，觀念打破典範，文筆引人入勝。假如你對徹底轉移陣地在家工作感到興趣盎然，卻心存疑慮，本書將為你一一解答。這本開創職場新局的著作令我獲益良多，我每天無不思索、討論並親身實踐書中創見。

——《安靜，就是力量》作者　坎恩（Susan Cain）

本書是虛擬工作專家的中肯建議，教導你甩掉工作地點的束縛、被固定時程綁住的陋習，迎向絕妙的工作型態。假如公司交付你重責大任，你千萬不能錯過這本書。

——《搞定！2 分鐘輕鬆管理工作與生活》
作者艾倫（David Allen）

遠距一向是我工作和生活的型態，如今我終於明白為什麼了。假使你還在辦公室裡工作，一定要讀讀這本精采的書，改變自己的生命風貌。

——《創意新貴》作者　佛羅里達（Richard Florida）

不久的將來，所有人都將遠距工作，包括現在坐在你對面的同事。你一定得讀讀這本高瞻遠矚的書，為局勢反轉預做準備。
　　——《Wired》雜誌創辦人作者　凱利（Kevin Kelly）

離開你的辦公室，別再讓通勤榨乾你的靈魂。撇下冷凍櫃般的小隔間和千篇一律的企業文化。本書語調機敏、論點服人、建議到位，提供更高效且能滿足所有人的「棄辦公室」未來（好吧，辦公室的房東除外）。
　　——《病毒迴旋》作者　潘恩伯格（Adam L. Penenberg）

本書展現遠距工作如何讓人們獲得自由——不再受煩瑣苦工的束縛，盡情發揮創意與生產力。我一定會立刻買一本送給老闆！
　　——Forrester 研究公司首席分析師、《衝出數位海嘯》作者
麥奎維（James McQuivey, PhD）

就像 1970 年代的人們無法想像比烤麵包機還小的手機，有些公司至今仍堅信，員工一定要在辦公室露臉才會有好表現。虛擬工作是未來的潮流，兩位作者用親身經驗向員工和雇主展現遠距工作的絕佳績效。
　　——《創業是人人必備的第二專長》作者　史蘭（Pamela Slim）

　　兩位作者從管理者與受雇者的觀點，為遠距工作的好處提出最具說服力的論證。遠距工作賦予你策畫自己生活的權力，本書正是你按圖索驥的指南。

　　——《野心不怕丟臉》作者　創克（Penelope Trunk）

　　職場的分權化不再是未來學家的幻想，而是如今每天上演的現實。本書為往後十年、甚至更久的職業生涯提供深入而具前瞻性的藍圖。

　　——《意外創新》作者　亨利（Todd Henry）

　　本書告訴你如何移除所有障礙，以最具成效、回報最高的方式投入自己的志業，與真心的夥伴共事——這本書將是你獲得真正自由的門票！

　　——《膠帶行銷》作者　詹區（John Jantsch）

　　本書不只是強大的工具，更深入剖析合作、創新與人心。

　　——《禪習慣的人生手冊》作者　巴伯塔（Leo Babauta）

獻給潔米與寇特，遠距工作使全家人在更多場合擁有更多時間相聚。感謝你們的關愛與鼓勵。

——漢森（David Heinemeier Hansson）

獻給正困在通勤車陣中的人。

——福萊德（Jason Fried）

作者的話

2013 年，當我們開始寫作本書時，遠距工作的風潮——或者人們常說的居家就業（telecommuting）——已經悄悄蔓延數年之久。自 2005 至 2011 年，光是美國的遠距工作比例便竄升 73%，總數約有三百萬人。*

這種在眾人不知不覺間普及的局面，於 2013 年 2 月底被打破，雅虎宣布終止公司內部遠距工作的方案。當時這本書正要收尾，突然之間，遠距工作從無人聞問的學術名詞變成全球熱門的話題，出現成千上百篇的新文章，眾人議論紛紛。

要是雅虎執行長梅爾（Marissa Mayer）能等上六個月，讓我們這本書先出版再行宣布，我們自然會銘表感激。話雖這麼說，她的決定正好提供了獨一無二的好機會，來

---

* http://www.globalworkplaceanalytics.com/telecommutingstatistics

驗證本書的論點。結果你會發現，第二章「藉口逐一擊破」
裡所細數每一條反對遠距工作的託辭，在雅虎的爭議中無
一不浮上檯面。

　　不用說，我們自然覺得雅虎的抉擇是錯的，不過還是
感謝他們讓大家注意到遠距工作這項議題。本書的宗旨便
是要以更詳盡、仔細的角度審視這個現象。撇開新聞爭議
與浮誇言論，我們在此呈現遠距工作現場第一手的正反論
辯分析，引導你迎向遠距工作的美麗新世界。

　　祝　展卷愉快！

前言

未來已經來臨，只是尚未普及。
　　　　——科幻小說家　吉布森（William Gibson）

　　幾百萬名工作者以及數以千計的公司都已發現遠距工作的樂趣與好處。不論公司規模大小，遠距工作的比例在各行各業逐年穩健成長。然而，與當初各公司行號熱烈採用傳真機的情況相比，遠距工作其實不如許多人想像般普遍廣為人知。

　　遠距工作需要的技術已經到位。如今隨時要與任何地方的人們溝通合作，都比以往方便簡單許多。但基本上，人的問題還沒有解決。**需要升級的其實是人們的腦袋。**

　　本書的目的就是要幫大家升級，點明遠距工作的諸多好處，包括：可以跟最棒的人才合作、免除使心靈枯萎的痛苦通勤，不在傳統辦公室工作使生產力倍增。我們也將一一對付那些常見的藉口，比方說，人們唯有面對面互動才能達成創新、人們在家工作一定沒生產力、公司文化將

因此消解云云。

　　最重要的是，本書將教導你如何成為遠距工作達人。書中將導覽所有能助你力半功倍的工具及技巧，帶你避開導致失敗的陷阱與束縛。（當然，世界上沒有萬無一失的方法。）

　　本書的討論很實際，因為我們所有的知識都來自身體力行遠距工作的經驗，而非空口說白話。過去十年，37signals 公司從遠距工作的種子，茁壯成長為一家成功的軟體公司。我們在草創時期只有兩名夥伴，一個人在哥本哈根，另一個人在芝加哥。到現在，我們逐漸擴充為擁有三十六名員工、散布全球各地的企業，服務分布世界各地總計數百萬名的用戶。

　　基於 37signals 本身豐富的經驗，我們將為讀者打開一扇進入自由與奢華新紀元的大門。這是一個美麗新世界，遠遠超越工業時代奉辦公室為圭臬的想像。我們將擺脫把「委外」當作靠廉價成本衝高產出的舊思維，換上嶄新的面貌──遠距工作提升的不僅是工作品質，還有工作滿意度。

　　《遠距工作模式》不是未來式，而是現在進行式。如今，正是你迎頭趕上的時機。

第一章

遠距工作的時機到了

上班時間常被切碎成片片段段，
很難專心做事。

為何上班時間的工作成效不彰？

如果問人們必須把工作完成時，會選擇在哪裡做事，恐怕極少人會回答「辦公室」；倘若答案是「辦公室」，通常會加上但書。比方說，「在清晨其他同事還沒進辦公室時」，或「我會在辦公室待到很晚，等大家都走了」，或是「等週末再進辦公室加班」。

他們真正想說的其實是，他們在上班時間沒辦法工作。人們想專心工作時，白天上班時間的辦公室是萬不得已的最後選擇。

因為辦公室已經變成充滿阻礙、會不斷被打擾的場所。繁忙的辦公室就像食物處理機一樣，將一整天切成小碎片。這裡十五分鐘、那裡十分鐘、這裡二十分鐘、那裡五分鐘。每個片段塞滿了電話會議、開不完的會，或是其他制度化卻無益的干擾。

正常的上班時間被切碎成片段時，要完成有意義的工作實在很困難。

有意義的工作、有創意的工作、需要縝密思考的工作、重要的工作——這樣的任務需要**長時間不被打斷**，才能進

入狀況。在現代的辦公室裡，這樣連續工作的長時間不復存在，只剩下永無止盡的打岔。

　　事實上遠距工作最關鍵的優勢，便是讓你能獨處並從事深度思考。單獨一個人工作，遠離公司總部的紛紜雜沓，才能真正發揮工作效率，把工作完成。而同樣的工作，在辦公室裡怎樣都做不完！

　　沒錯，不在辦公室裡辦公的確也有其難處，干擾可能來自不同地方。假如你待在家裡，可能會被電視干擾。假如在附近的咖啡館，或許會被鄰桌客人的大聲講話聲打擾。不過，那些干擾是你可以主動掌控的。你總是可以找到適合自己工作型態的空間。你大可以戴上耳機，不必擔心同事跑來身邊打轉，拍拍你肩膀，或是臨時被派去參加一場場無關緊要的會議。在你自己的地方、你獨享的場域，一切只屬於你自己。

　　不相信嗎？問一下身邊的朋友，或是問問自己：你真的想把事情做好時會去哪裡？我想你的答案一定不會是「下午的辦公室」。

別把人生浪費在通勤上

　　老實說吧，沒有人喜歡通勤這檔事。鬧鐘得調早一點，回家時間晚了許多。你損失的不只是時間和耐性，可能連好好吃東西的食慾都沒了，只能屈就便利商店裡的食物和免洗餐具。你可能不再上健身房，錯過哄小孩上床的時間，累得沒力氣和另一半好好講話……，這樣的例子比比皆是。

　　甚至連週末也不得不花時間在路上，生活變得支離破碎。高速公路塞車害你無心一鼓作氣完成的那些瑣事，都在星期天累積成一長串討厭的待辦清單。等你倒完垃圾、拿回送洗衣物、跑了一趟五金行、付完帳單後，週末早已過了一大半。

　　至於通勤這件事本身呢？開再好的車也沒辦法讓塞車變成美好的經驗，擠出火車廂和巴士後，還想神清氣爽就免了吧。你只是吸進汽車廢氣和陌生人的體臭，呼出自己的健康及清醒的神智。

　　我們日常生活中似乎不可或缺的通勤，研究人員分析的結論是：**長途通勤會讓人變胖、壓力倍增、痛苦不堪。**

即使短時間通勤也有損你的幸福快樂。

研究指出*，通勤會增加肥胖、失眠、壓力、頸背痠痛、高血壓以及其他壓力致病的風險，比方說心臟病發與憂鬱症，甚至有導致離婚的可能。

姑且讓我們假裝沒看見通勤不利身體健康的諸多證據，就當通勤不會造成環保問題好了。那咱們來算一算，假設你每天早上在交通尖峰時段花上三十分鐘開車，另外花十五分鐘取車，走進辦公室。一天來回就得花上一個半小時，每週七個半小時，去掉假日與休假的話，每年約莫三百至四百小時──正好是我們開發 Basecamp 專案管理服務所花費的時間，那可是我們最受歡迎的產品。

你好好想想，每年多出四百小時可以拿來做什麼事情。通勤不僅對你本身和你的人際關係有害，更帶來環境污染，也不利於做生意。事實上，並不一定非得這樣不可。

---

* "Your Commute Is Killing You," *Slate*, http://www.slate.com/articles/business/moneybox/2011/05/your_commute_is_killing_you.html

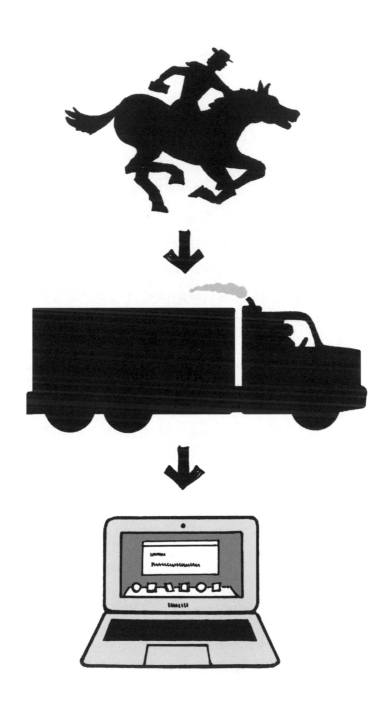

傻瓜，問題出在技術！

遠距工作假使真有那麼好，為什麼進步的公司之前沒有選擇嘗試，並堅持下去？答案很簡單：他們辦不到。當時技術還沒到位。仰賴傳真機與快遞服務就想跟身處不同城市的人協同合作，我只能祝你好運，更別說那些遠在天邊的合作對象了。

不知不覺中，科技發展如今已超乎想像，使得遠距工作變得可行。尤其是當網際網路發明之後，人們可使用 WebEx 分享畫面，利用 Basecamp 協調待辦事項，運用即時通訊軟體聊天，用 Dropbox 下載最新版本的檔案——這些新技術和解決方案都在近十五年內出現，之後也陸續會有更多適合遠距工作的技術發明。

只是，老一輩從小到大根深蒂固的觀念，就是朝九晚五待在城市高樓大廈裡的辦公隔間，才能做好工作。難怪大部分在這種模式下受僱的人，從沒考慮過別種工作方式，或其他可能性。其實，真的有別的選項。

未來是屬於懂得掌握的人。你覺得現在那些從小上臉書傳簡訊的年輕人，會懷念以往每週一早上全員集合的週

會嗎？哈！

　　科技（甚至是遠距工作）最棒的一點，就是一切操之在你。這一點都不困難，又不是要你建造火箭，學習相關工具花費的時間也沒那麼久。不過要戒斷舊習慣重新上軌道，則需要意志力。你辦得到嗎？

朝九晚五監獄

逃離朝九晚五

企業要改採分散人力模式，就得將合作模式從同步時間轉變為非同步時間。我們不僅沒必要在固定地點一起工作，甚至不需要在同一時段一起工作。

遠距工作最初就是因為要跟身處不同時區的人合作，才應運而生的，但就算對住在同一個城市的人也受用匪淺。一旦你在規劃工作技巧與期望目標時，將身在哥本哈根、時區比你早七小時的同事設想進去，那麼位於芝加哥的同事從上午十一點工作到下午七點，或是從早上七點到下午三點都無所謂——因為結果都是一樣的。

彈性上班最棒的一點，便是適用每個人。不論是喜歡早起的人、夜貓子，或中午得接小孩的父母，都能受惠。在 37signals 公司，我們盡量維持每週工作四十小時的制度，但員工怎樣分配工作時間，一點都不重要。

依照遠距工作原則高效率運作的公司，甚至不需要固定的時間表。這一點對創意工作者來說尤其重要。假如你不能進入好的工作狀態，繼續待在辦公室也於事無補。不需要與其他人碰面討論時，最好的策略便是休息一下，等

腦筋全速運轉時再回來工作。

　　總部設在科羅拉多州的影片製作與行銷公司 IT Collective（部分員工位於紐約及雪梨），其剪接團隊在製作新影片時，偶爾會轉換成夜間活動模式──這就是他們達到最佳工作成效的方法。編輯第二天早上會和其他團隊成員溝通前一晚的工作進展，彼此重疊的工作時間剛好足夠交接進度，並確認當天晚上的工作方向。只要時間安排得宜，誰管他們睡到日上三竿才起床？

　　當然，並非所有工作都能在沒有時程限制下完成。37signals 公司會在一般美國人上班時間提供客戶支援服務，因此客戶支援團隊必須在某個時段內隨時待命。即使有這些限制，只要整個團隊能兼顧所有時段，彈性上班依然是可行的。

　　掙脫朝九晚五的心態吧。或許你需要一點時間和練習，才能掌握與團隊成員非同步工作的訣竅，可是過不了多久你就會明白，**重要的是工作成果，而非準時打卡**。

不用擠在都會區

　　城市是人才的集散中樞。傳統上來說，那些驅動資本主義巨輪的人總會想：「咱們把一大群人聚集在小小的地理區域中，他們必須住得很近，這樣我們就有足夠的人手維持工廠運作。」有錢人真是太厲害了！

　　謝天謝地，人口密集模式滿足了工廠運作的需求，在許多方面的確帶來不少好處。我們因此有了圖書館、體育館、戲院、餐廳，以及其他現代文化與文明的偉大發明。只不過我們同時有了辦公隔間、狹小公寓，以及運送我們往返兩地、沙丁魚罐頭般的交通工具。

　　我們犧牲了自由、美妙的鄉間土地與新鮮空氣，只為了換取便利的生活與刺激的娛樂。

　　幸好促使遠距工作成真的科技，也使遠距文化與生活更加吸引人。想像你面對一名 1960 年代的城市居民，你要向他描述一個所有人都能存取每部電影、每本書、每張專輯，以及幾乎每場運動賽事（而且畫質清晰、鮮豔更勝以往）的世界，他們當然會嘲笑你見鬼了，就算生活在 1980 年代的人也會嘲笑你。不過，我們現在就是身處這

樣的世界中。

　　然而，實際情況和邏輯推論還是有差別的。假如我們能從任何地點源源不盡地參與文化和娛樂，為何我們還願意被陳規束縛？市中心房價過高的公寓、像沙丁魚罐般擁擠的車輛，和辦公室的小隔間，真的值得我們付出代價嗎？我相信，愈來愈多人的答案是否定的。

　　因此我們預言：往後二十年最令人豔羨的豪奢生活便是**遠離城市**。不再當被綁在市郊的奴僕，而是隨心所欲，四海為家。

新豪奢生活

真正的奢華是擁有時間和自由

　　摩天大樓頂樓角落的豪華辦公室、公司提供的凌志轎車和專屬秘書——人們常嘲笑這種土豪式的公司禮遇，但時髦新富其實也沒多大不同：頂級大廚烹調的免費餐點、衣物送洗服務、按摩、塞滿整個辦公室的遊戲機台。兩者根本是一體兩面。

　　這些都只是為了讓員工能在辦公室待更久的時間，遠離家人朋友，放棄閒暇時的興趣。只盼望公司給的禮遇足以讓你在細數退休後想做的事情時，度過這漫長歲月。

　　可是你何苦等待？假如你真的喜歡做的就是滑雪，為什麼要老到屁股禁不起摔的時候，才搬去科羅拉多州？假如你喜歡衝浪，為何你現在依然被困在水泥叢林裡，而不是住在海灘旁？假如你親愛的家人都住在美國西岸奧勒岡州的小鎮，為什麼你依然待在遙遠的東岸？

　　新時代的奢華，是甩掉拖延人生的枷鎖，在工作時便能追求你的嗜好。成天浪費時間做白日夢，幻想終有一天辭職後會有多棒，到底有何意義？

　　人生不需要劃分出拚命工作與退休養老的界限。你大

可以將工作和退休混合，規劃出更加享受的工作生活型態，因為如今那不再是唯一的選擇。卸下禁錮住自己人生的黃金手銬，過你真正想過的生活吧。

這比買樂透實際多了吧，不管你真的去買樂透，還是期待人生中大獎——一步步在職場往上爬，期盼出頭天；或是公司股價大漲。

你不需要擁有鴻福齊天的好運道，或拚得死去活來，才能讓工作生涯符合自己的興趣——只需自由選擇在何時何地工作。

這並不表示只因你喜歡滑雪，就得馬上收拾行李搬去科羅拉多州。有些人會這樣搞沒錯，不過你擁有許多折衷方案。例如，先嘗試每年三週遠距工作？就像在辦公室工作一樣，沒必要一翻兩瞪眼。

真正的奢華享受，是坐擁時間與自由。一旦嘗過那種滋味，你再也不會因為頂樓角落專屬辦公室或名廚而回頭了。

TALENT
Hot Spots

1. Caldwell, Idaho USA
2. Evanston, Illinois USA
3. Fenwick, Ontario Canada
4. Tulsa, Oklahoma USA
5. Milwaukee, Wisconsin USA
6. Oxford, United Kingdom
7. Uppsala, Sweden
8. Petoskey, Michigan USA
9. Eichstätt, Germany
10. Dunedin, New Zealand

找到世界各地的優秀人才

假如你碰到來自矽谷的技術人員、好萊塢的電影製片或是紐約的廣告主管，他們都會堅稱，因為地靈人傑，他們在那些地方才容易成功。他們的刻板印象認為，某個領域特別優秀的人才總是聚集在特定地區。你若相信這種話，就太傻了。

「看看以往的成績就知道了，」他們總是這樣說，深以過往成就輝煌的傳統感到光榮。對啦對啦，不過正如投資標的廣告單上那行不起眼的細小文字所言：「過往績效不保證未來的獲利。」

前頁圖說

出產優秀人才的地點
 1. 美國愛達荷州考德威爾
 2. 美國伊利諾州艾文斯頓
 3. 加拿大安大略省芬威克
 4. 美國奧克拉荷馬州塔爾薩
 5. 美國威斯康辛州密爾瓦基
 6. 英國牛津
 7. 瑞典烏普薩拉
 8. 美國密西根州佩托斯基
 9. 德國艾希斯特
10. 紐西蘭但尼丁

　　在這裡我要做幾項沒什麼大不了的預測：矽谷的偉大
科技發明將逐漸減少；未來二十年的電影傑作中，好萊塢
出品的賣座片會愈來愈少；因紐約製作的廣告而被吸引去
買產品的消費者也會變少。

　　優秀人才到處都有，況且並不是每個人都想搬去舊金
山（或是紐約、好萊塢等任一個公司總部所在的地點）。
37signals 便是創立於美國中西部的成功軟體公司，而且我
們深以從考德威爾（Caldwell）、愛達荷（Idaho）、芬威克
（Fenwick）及安大略（Ontario）等地聘請到傑出員工為豪。

　　雖然科技公司蜂擁前往灣區尋找「搖滾明星」或「軟
體忍者」般的人才，事實上我們公司完全沒有來自舊金山
的員工。我們並非刻意做出這樣的選擇，但這些地區的挖
角嚴重，換工作跟改 iPhone 播放歌單一樣快，我們這個
做法也不賴。

　　要是公司周遭佈滿數十間、甚至上百間競爭者，員工
哪天琵琶別抱，走到對街加入剛崛起的新創公司，也不令
人意外了。

　　根據我們的觀察，傑出員工的工作地點若是遠離業界
的喧囂，比較不會成天想著要跳槽，對自己的工作滿意度
往往也比較高。

036 第一章
遠距工作的時機到了

問題不在錢

　　人們聽見「遠距工作者」這個詞時，腦海裡通常聯想到「外包員工」。他們覺得遠距工作只是企業肥貓想出來的把戲，目的是削減成本，把工作委外到印度班加羅爾去。會有這樣的直覺反應不難理解，卻大錯特錯。

　　遠距工作的目的是提升人們的生活品質，爭取各地的人才，獲得我們在書中即將細數的其他好處。結果可能順便省下了辦公室的花費，以較少人力獲致更高的生產力，這也只是附帶好處，並非採取遠距工作的本意。

　　雖然我們說遠距工作讓員工與雇主同樣受益，聽起來或許過於樂觀，讓人不禁聯想起 1990 年代流行的「雙贏」口號。但事實上，對所有人來說，這種做法都有可喜之處。許多關於工作哲學的文章，都會被定調為站在雇主立場或勞工角度。雖然這兩者之間的抗爭是真實存在，但我們無意探討這一點。

　　此外，最適合遠距辦公的主要是靠腦力的工作，例如：寫作、程式設計、設計、顧問、廣告、客服等。在搶毛利割喉戰的製造業，較無法實行。每個小時從文案人員身上

多榨出幾個字，並不會讓任何人因此獲利。傑出的文案才
能幫你賺錢。

1 台休旅車
×10 英里／天
@ 1 小時／天
=10,000 美元／年

省錢是好事

這麼說來，遠距工作的主要目標並不是節省成本——可是有誰會不喜歡因此能省點錢？你想說服管理者的話，這自然是個很好的理由。

事實上，省錢是個很完美的偷渡藉口，可以用來說服公司主管支持遠距工作。你著眼的是自由、更多時間陪家人，以及不必通勤等好處，但你要讓公司主管看見成本降低的好處，這樣豈不皆大歡喜。

想說服這些公司主管，就要使用大公司的邏輯。以下是大企業裡的績優股 IBM 的實例[*]：

IBM 自從 1995 開始實施遠距工作策略，總共縮減了七千八百萬平方呎的辦公室空間。其中五千八百萬平方呎出售後獲利十九億美元，出租不需要的空間獲得的轉租收入則超過十億美元。光是在美國每年便省下一億美元，

---

[*] "Working Outside the Box," IBM white paper, 2009

在歐洲甚至更多。該公司目前旗下三十八萬
六千名員工裡，有 40% 採遠距工作。

　　有誰會反對省下數十億美元？想盡辦法要員工省著用
釘書機和印表機紙張的老闆，自然不會反對。不僅老闆省
下辦公空間，員工也省了油錢。惠普的遠距工作計算器[*]
顯示，每天花上一小時來回通勤十哩路的休旅車駕駛，一
年下來幾乎可以省下一萬美元。

　　減少通勤也對環境有極大助益。同一份 IBM 研究報
告顯示，遠距工作在 2007 年幫公司省下五百萬加侖的燃
料，光是在美國就減少超過四十五萬噸的二氧化碳排放
量。

　　幫助公司賺錢、充實自己的荷包、拯救地球──全部
做到。

---

* http://www.govloop.com/telework-calculator

在家辦公
HOME OFFICE ❯

澤克咖啡廳
ZEKE'S CAFE ❯

共同工作空間
CO-WORKING ❯

小木屋
THE CABIN ❯

不必完全捨棄辦公室

還是可以進辦公室

　　嘗試遠距工作不代表你完全不需要辦公室，只是辦公室並非必需品；遠距工作也不代表全體員工不能住在同一個城市，只是沒必要這樣做。遠距工作就是要釋放團隊的潛能，讓他們自由發揮，選擇他們覺得合適的地方辦公。不論大企業或小公司，都有適合的各種彈性遠距工作策略。

　　傢俱廠商 Herman Miller 的知識與設計團隊全面採取遠距工作型態，成員分別在全美十個不同的城市各自工作。數位通訊公司 Jellyvision 有一成員工完全採取遠距工作，有兩成員工每週幾天在家工作，其餘的人則固定在芝加哥總部上班。

　　1999 年，37signals 的四人創始團隊在芝加哥一間不錯的傳統辦公室開業。幾年過後，我們發覺這間空盪盪的辦公室對我們並不合適，而且租金太貴。於是我們搬到一間設計公司的角落，以每個月一千美元的代價租了幾張桌子。不久後我們的員工人數增加，但那也沒啥大不了的。漢森在哥本哈根加入公司的行列，這麼多年來我們從世界

各地聘請了愈來愈多的程式設計師與設計師。但我們還是繼續待在設計公司的角落，不僅省下租金也省掉麻煩，就這麼維持了將近十年！

如今我們旗下有三十六名員工，擁有一間我們協助設計的芝加哥辦公室。辦公室裡有一間簡報用的小型講堂，還有一張乒乓球桌，每天有十名員工在此工作。這樣做值得嗎？我們認為值得，但在十年前、甚至五年前，我們不會這麼說。

辦公室是必需的嗎？當然不是，但這是我們努力得來的。這是一種奢侈品而非必需品。不過，每年幾次所有員工能飛來這裡參加全公司的聚會，擁有這麼棒的場地能讓大家交流，的確也是件好事。

對某些領域的公司而言，體面的辦公室是很重要的成功形象，比方說廣告公司、律師事務所，或是高階人力公司——擁有光鮮亮麗的辦公室或許有其道理。體認到辦公室的存在是為了給客戶留下好印象，就能讓業主或主管放手將辦公室變成絕佳的產品展示或視聽體驗，員工也能待在家工作，不必在辦公室當個跑龍套的臨時演員。

凡事都有其代價，
你最好搞清楚遠距工作必須面臨的情況。

凡事都有代價

　　遠距工作的美妙很容易讓人覺得飄飄然，自由、時間、金錢……什麼都有了。簡直像後院裡就有蜂蜜，打開水龍頭便流出乳汁——維尼，先別太興奮。遠距工作並非沒有代價，或是不需要妥協。在這個世界裡，跳躍性進步極少只有好處沒有壞處的——三明治的發明勉強可能算得上是一個，但也就這麼一個了。凡事都有其代價，你最好要搞清楚自己必須面臨的情況。

　　首先呢，不必每天見到同事可能讓人鬆一口氣（假如你很內向的話），不過長期來說，你可能會覺得若有所失。即使我們接下來要介紹諸多替代方案，有時，能當面跟管理者對話，跟同事坐在一起辦公，一起腦力激盪，依舊是不可取代的經驗。

　　此外，沒有制式的規章制度和監督，你必須高度專注，才能建立起替代性的工作規範，並持之以恆。你肩負的責任可能比當初想像來得沉重，對喜歡拖延的人來說更是如此——誰不會偶爾拖一下呢？

　　那些選擇在家工作的愛家好男人和好女人又怎麼辦

呢？要設定界限並不容易。孩子就是孩子，他們時時都需要你的注意；配偶跟同事沒什麼兩樣，他們不曉得叫你看網路最近爆紅的話題，只會降低你的生產力。

　　最重要的關鍵是，別把一切想成非黑即白。應該要專心思考如何得到最大的好處，將缺點減到最低。我們會教你怎麼做。

人資

會計

法務

財務

廣告

像廣告、法務、招募等許多業務，其實都在外部進行。

遠距工作是趨勢

你或許沒察覺到，你所服務的公司早已實施遠距工作了。除非公司內部聘有律師，否則法務工作很可能外包給獨立的律師，或律師事務所。除非你的公司有會計部門，不然很可能將相關工作外包給會計師。除非你的公司有自己的人力資源系統，不然雇員薪資、退休及醫療保險等業務也都委外處理了。更別說是聘請廣告公司將產品或服務訊息傳達給市場。

法務、會計、人資、廣告──這些都是企業基本的業務。若沒有外部人力執行這些關鍵任務，公司可能連生意都沒得做了。這些活動都在公司外部進行，遠離公司網路，也不受管理階層直接掌控──卻沒有人質疑其執行效率。

這些業務項目每天都順利地遠距運作，不曾有人覺得這樣有什麼風險、輕率或不負責任。為什麼這些公司信任「外部人士」處理重要業務，卻難以信任「內部人士」在家工作？為什麼企業跟外縣市的律師合作時，一點問題也沒有，卻無法信任員工離開辦公桌工作？這根本一點道理都沒有。

　　我們也可以算算自己到底花了多少時間寄發電子郵件給鄰座的同事。同事們每天都進辦公室，做起事來卻像在進行遠距工作：寫電子郵件、即時通訊、把自己隔離好趕工。到頭來我們不免要想，這樣還需要進辦公室嗎？

　　你不妨好好瞧瞧自己的公司，看看哪些工作已經委外進行，或是人與人當面互動的機會有多麼少。你可能會很驚訝地發現，貴公司遠比你想像中來得遠距多了。

第二章

別再找藉口了

共處一室才能激盪出火花

那種感覺你懂的。大夥兒圍坐在桌前，彼此腦力激盪，會議室裡迸發出智慧乍現的靈光。你難免認為，這樣的火花只有在彼此面對面時才會產生。

先假設真是這樣好了：突破性的想法唯有人們見到對方時才能產生。但還有一個問題：一家公司到底真正消化得了多少突破性想法？答案比你想像中少多了。大部分工作與思考革命性偉大構想無關；相反的，大部分的工作不過是在精進你六個月前、甚至是六年前想出來的東西。正所謂精益求精。

如果你太頻繁追求靈光乍現的剎那，召集大家集思廣益，只會累死自己和別人。你要不是得放棄上回那個好主意（後續都還沒來得及處理呢），不然就是累積太多點子，導致大塞車——塞車就是停滯不前。

正因如此，37signals 很少把員工找來當面開會。我們的態度是，「先把盤子上的東西吃完，才能取下一輪菜餚」。我們公司一年約有三次全員集合在芝加哥辦公室。即使這樣，我們仍覺得太過頻繁——假如集會的目的是真

的要讓大夥兒大鳴大放的話！

　　可是缺乏靈光乍現的絕妙點子該怎麼辦？首先，真正稱得上「絕妙」的好點子實在很少，更多時候可能只是熱心過頭（優先順序別搞混了）。其次，你一定沒想到，只要運用**語音連線**和**畫面分享**這兩種簡單的工具，就能得到高品質的集思廣益成果。我們每次使用 WebEx 都不禁讚歎其成效。或許沒辦法百分之百達到像當面討論般的感覺──可能比高度準確的互動稍遜一、兩個百分點，但效果比你想像中好多了。

　　一旦謹慎決定召開全員親自出席會議的次數，大家就會覺得這是難得的機會，開會變成值得細細品味的特殊場合。這種「大餐」偶爾一嚐尚可，平時就靠高科技的對話「點心」過活。這樣獲得的成效夠你用了。

怎麼知道員工有沒有打混？

我怎麼曉得他們有沒有在工作？

　　大多數人對遠距工作者的疑慮，都源自缺乏信任。管理者的想法是，要是我沒有時時刻刻盯著，員工會努力工作嗎？要是他們沒有待在座位上，會不會成天打混、玩電動、或上網呢？

　　我們要告訴你一個天大的祕密：要是人們真想成天打電動或上網，就算坐在辦公桌前也辦得到。事實上許多研究報告指出，很多人真的在辦公室裡上網玩遊戲。

　　舉例來說，在成衣零售商 J.C. Penney 總部的辦公室，四千八百名員工用了 30％的網路頻寬來觀賞 YouTube 影片*。所以，進辦公室只代表大家會打扮得人模人樣，並不保證會努力工作。

　　奇妙的是，你要是看低別人，他們就會同樣降低自己的標準。要是你的管理策略是把大家都當成懶惰鬼，員工

---

* "J.C. Penney Exec Admits Its Employees Harbored Enormous YouTube Addiction," http://www.huffi ngtonpost.com/2013/02/25/jc-penney- employees- youtube_n_2759028.html

就會想盡辦法證明你的見解無誤。要是你把底下的員工都當成能幹的成年人，就算不緊迫盯人，他們也會力求最佳表現，你會發現成果令人驚喜。

IT Collective 的霍夫曼（Chris Hoffman）曾說：「要是我們不能信任員工，表示我們聘用人員的決策出錯了。假如團隊成員無法交出好的工作成果，或是無法勝任工作時程與工作量，我們就不會繼續跟他合作。事情就這麼簡單。我們聘用的團隊成員都具備專業技能，能夠勝任自己的工作，並對組織做出有價值的貢獻。我們無意在上班時扮演員工的保姆。」

事情就是這樣。要是你害怕員工沒有你在一旁監督就會偷懶，不願意讓他們在家工作，那麼你就只是他們的保姆，不是稱職的管理者。此時，遠距工作反而是你最不需要擔心的問題。

可惜，並非大家都這麼明理。可憐的準確生物統計公司（Accurate Biometrics）員工，必須時時忍受老闆用 InterGuard＊這套軟體遠距監視他們的電腦螢幕。光是

＊ " 'Working From Home' Without Slacking Off," *Wall Street Journal*, July 11, 2012

InterGuard 就號稱有上萬名客戶，顯然這種情況有擴大的趨勢。根據產業研究公司 Gartner 估計，到了 2015 年，將近六成員工都會遭到老大哥式的監視侵犯。真令人作噁！

　　歸根究柢，你根本不應該聘請自己無法信任的員工，或是為不信任你的老闆工作。要是上司不信任你能遠距工作，他還能信任你做別的事嗎？要是他這麼瞧不起你的能耐，為什麼還仰賴你跟客戶溝通、寫廣告文案、設計新產品、評估保險理賠，或是處理報稅？

　　布蘭森爵士（Sir Richard Branson）是這樣評論*遠距工作的：「想與人合作的成功關鍵，就是必須彼此信任。這當中很重要的一點，是信任別人不管身在何處都能完成工作，不需時時監督。」

　　你要不就信任自己的合作夥伴，不然就找別人合作吧。

---

* "Give people the freedom of where to work," http://www.virgin.com/richard-branson/give-people-the-freedom-of-where-to-work

TOILET PAPER
衛生紙

家裡誘惑多

TPS REPORTS
TPS 報告

辦公室干擾多

家裡充滿了誘惑

家裡有連續劇可看、有電玩可打、冰箱裡備有沁涼的啤酒、還有一堆待洗衣物，你說待在家裡怎麼可能工作呢？答案很簡單，因為你有工作得做，而且你是負責任的成年人。

好吧，我們都是凡夫俗子，偶爾會受到誘惑，沒什麼好不承認的。沒錯，家裡讓人分心的事物及誘惑，的確比辦公室裡來得多。不過，只要認清這個問題，我們就可以努力解決。別忘了，要對抗誘惑的最好辦法，就是有趣且有成就感的工作。雖然在速食店煎漢堡很難持續刺激腦部運作，大部分的遠距工作卻很能刺激大腦。

有時候令人分心的誘惑其實也有其作用。就像在煤礦坑裡的金絲雀一樣，誘惑其實是一種警告，要是我們發現自己時常受到誘惑，那就代表我們的工作使命不夠明確，或者被分派到的任務太過枯燥，甚至我們所參與的專案基本上毫無意義。與其伸手拿起電玩搖控器或繼續轉台看肥皂劇，或許你應該開口把問題挑明，對吧？要是你有這種感覺，同事們很可能也有同感。

當然，有時候問題不在於工作任務是否有價值，而是出在我們的安排失當。要是你一向坐在電視前的沙發上工作，難免會忍不住伸手拿起遙控器。要是你在廚房工作，你腦海裡可能會記掛著要去洗碗。要是你關起門來，在專門用來辦公的房間工作，就比較可能專心處理任務。

要是情況不允許，或是這樣安排還不夠，你總可以走出家門。正因為你是遠距工作者，你不必一直待在家裡工作。你可以到咖啡廳、圖書館、甚至是在公園裡工作。

不過偶爾偷點懶，不如大家想像中那麼罪大惡極。偷懶其實就像好好放個假。能抽空放一兩個禮拜的假不工作當然很棒，不過就算躺在海灘上發呆，或探索巴黎這座大城市多麼有趣，遲早也會感到無聊。

只要工作能帶來樂趣，讓人有成就感，多數人都想要工作。要是你被困在既無趣又沒成就感，更沒前途的工作，那麼你需要的不只是遠距工作的職務——你需要的是一份新工作。

只有辦公室才安全？

　　許多公司行號時常千方百計使用內部伺服器來讓員工
跑軟體，而不要透過網際網路，卻放任主管帶著未加密的
筆記型電腦四處趴趴走。要是門戶洞開，城牆蓋得再高也
是徒勞無功。

　　網路安全是極其重要的議題，但大致上都有解決之
道。所以一般人才會願意使用網路銀行服務，也不怕上亞
馬遜網站輸入信用卡號碼購物。37signals 研擬出一套簡單
的資安流程，所有員工都必須遵守：

1. 所有電腦都必須使用硬碟加密功能，比方說蘋果 OS
   X 作業系統內建的 FileVault 功能，可以確保筆記型電
   腦遺失時僅會造成不便，向保險公司索賠就行了，不
   會造成全公司的危機，不僅搞得大家得全部換密碼，
   還擔心重要文件外洩。
2. 解除自動登入功能，從待機狀態恢復使用時必須輸入
   密碼，並設定電腦停止活動十分鐘後自動鎖上螢幕。
3. 打開所有造訪網站的加密功能，尤其是像 Gmail 這樣

的服務。如今所有網站都採取 HTTPS 或 SSL 機制，
你可以看到瀏覽器的網址前面有掛鎖圖示。（我們幾
年前強迫所有 37signals 產品採行 SSL 機制，以達到
加密效果。）

4. 所有智慧型手機和平板電腦都必須上密碼鎖，而且可
以遠距消除資料。iPhone 使用者可以啟動「尋找我的
iPhone」功能。人們很容易忘記這項工具，因為我們
都覺得這些裝置是私人使用的。不過你難免會用手機
收發公司郵件，或是用平板電腦登入 Basecamp。使
用智慧型手機和平板電腦時，要當作在使用筆記型電
腦一樣。

5. 你每造訪一個網站，都應該使用由機器產生、獨
一無二的長密碼，然後用 1Password＊這樣的密碼
管理軟體來保存密碼。很抱歉，「secretmonkey」
這 種 密 碼 是 唬 不 了 人 的。 就 算 你 記 得 住
「UM6vDjwidQE9C28Z」這串密碼，卻重複使用在
每個網站也沒用，只要一個被駭就完蛋了。（這種事
情一再發生！）

＊https://agilebits.com/onepassword

6. 使用 Gmail 時開啟雙重驗證功能，若沒有取得你的手機就無法得到驗證碼，也無法登入 Gmail（就算有人取得你的登入名稱與密碼，他還需要有你的手機才能登入）。千萬別忘了，假如你的電子郵件不安全，其他線上服務也會跟著淪陷，因為侵入者可以在任何網站上使用「重設密碼」功能，要系統把新密碼傳送至他們可以自由掌控的電子郵件帳號。

寫出安全協定與演算法在電腦界是高難度的技術，但運用這類技術卻簡單多了。只要花點時間學會基本原則，這些技術就不再是你無法信任的嚇人巫術。現在，替自己使用的電腦裝置加裝安全措施，已經是人人都需通曉的常識，就跟搭車必須繫安全帶一樣。

WHO WILL answer THE PHONE?

誰要負責接電話？

那誰要負責接電話？

客戶在正常上班時間打電話或寄電子郵件過來，自然希望能即時得到你的回覆，才不管你的員工人在何方，有沒有時差問題，這一點你得自己想辦法處理。

這並不表示你不能預先做好安排。比方說，Jellyvision 公司為了方便不同時區的遠距辦公員工，便要求財星五百大公司的客戶，上午十點前不要安排會議。

假如你偶爾得在奇怪的時段花上一兩個小時接聽電話，也不是什麼大不了的事。在深夜十一點或清晨五點鐘接聽電話，不過是為了獲得遠距工作的自由所付出的小小代價。

37signals 公司會確保顧客支援部門在芝加哥上班時間永遠有人值班，並盡可能兼顧美國東西岸的時間。這並不表示所有人都得按照美國中部時區朝九晚五上班。只要錯開上班時段，有人上清晨六點到下午兩點的班，有人從早上八點工作到下午四點，還有一些人從上午十一點工作到下午七點，不僅能照顧到一整天的上班時間，還能前後超出一些，絕不漏接任何信件及電話。

　　當然了，對只有一、兩位客服人員的小公司，情況可能沒我講的那般輕鬆。你可能得指定負責服務顧客的員工在「一般工作時段」上班。不過，何苦因此要求其他人都在同樣時段上班呢？錯誤的平等對誰都沒好處。

　　遠距工作並非一切美好，萬無一失。但遠距工作能讓更多人擁有更多時間，工作得更愉快。

大企業都沒遠距工作，
我們要嗎？

大企業都沒這樣，我們要嗎？

　　許多大企業即使面臨效率不彰和官僚作風的沉痾，多年來似乎沒出什麼問題。只要企業巨獸在賺錢的金雞母四週挖出重重保護的壕溝，誰在乎他們雇了多少守門員、成效有多差？

　　這樣說已經夠婉轉了，意思就是找大企業觀摩增進生產力的方法，可能不是很明智的選擇。所謂破壞性創新就是要跟前人有不一樣的做法。不這麼做，你壓根兒沒半點機會。

　　所以跨國性企業禁止員工在家工作根本無關緊要。事實上你應該感到高興，看到自己所處產業的重量級對手固守陳舊的工作模式。這樣一來，要打倒對方就更簡單了。

　　要是你真的在大企業服務，道理也是一樣的。大企業也喜歡觀察對手在做什麼。不過，要是你一直跟隨大家的腳步，就不可能脫穎而出。

　　你需要的只是自信。你要有信心自己發現了更聰明的工作方式，而業界卻還在墨守成規。偉大的點子總是從眾人斥為瘋狂的異想天開，逐漸變成眾所接納的常識。遠距

工作就是其中之一。這種想法很快就會被接受採納，何苦繼續等待？

　　打破成規當然需要奮力爭取，抗拒既定思維向來不是易事。幸好有些大企業深諳箇中好處，像IBM、壯生（S.C. Johnson & Son）、埃森哲（Accenture）及eBay都是全面擁抱遠距工作的大企業──這些公司夠大了吧？

ON-SITE Misery FOR EVERY-ONE? Equally!

所有人都悲慘的進辦公室工作才公平？

別人會眼紅

假如你想說服老闆讓你每週幾天在家工作，老闆回絕你的理由通常是，「別的同事會眼紅」。沒錯啊，這樣實在太不公平了！大家都應該一視同仁待在辦公室裡，繼續怨聲載道地維持低效率的工作。

首先，如果遠距工作顯然是這麼棒的一件事，大家都想要的話，為什麼不讓大家都遠距工作呢？難不成，上班的意義就是大家排排坐在固定的座位上，待滿一定的時數？上班難道不是一群人組織起來完成工作嗎？為什麼不讓人們以自己喜歡的方式工作，然後以完成的工作成果（而非在哪裡工作）來評斷表現。

其次，有些工作的確不適合遠距執行。要是配送包裹給客戶是你最重要的任務，而且必須直接取得存貨，的確沒辦法在家工作。不過，有必要讓公司裡其他人都跟你一樣嗎？從倉庫領出包裹配送的大哥，跟會計部門管帳簿的人姐，工作性質本來就不一樣。不同工作有不同需求，這點道理大家都懂。

想消除「大家必須遵守同樣政策」的論調，你必須讓

老闆、你自己以及其他關係人知道，大家都是在同一條船
上，只是想找到做事的最佳方法：效率最高也最愉快的方
法，才是最好的選擇。聽你這樣說，只有剛愎自用的老古
板才會抵死不從。

企業文化可不是一群人聚在一起找樂子。

企業文化怎麼辦？

　　企業文化並不是指公司裡擺個手足球枱，也不是同事一起到戶外打漆彈，或是一起喝得爛醉，成為大家一整年笑柄的那場耶誕派對——這些不過是一群人聚在一起找樂子。企業文化不是這樣子的，而是組織內部言明或不言而喻的價值觀與行動準則。例如：

- 我們如何與顧客溝通：我們認為顧客永遠是對的嗎？
- 我們可以接受的品質標準：過得去就行，還是必須完美無缺？
- 同事之間如何溝通：打官腔或是比誰大聲？
- 工作量：常態性加班，還是週休三日？
- 冒險精神：我們偏好大膽躍進，還是寧可保守一點緩步成長？

　　當然，大多數公司的企業文化都處於兩種極端之間。你應該搞清楚自己的定位，綜合以上這些價值觀便能塑造出一間公司的感覺，也就是所謂的企業文化。

　　管理變得寬鬆時，企業文化就極其重要。企業文化愈強，愈不需要特別明確的訓練與監督。在理想的狀況下，可以讓能自主管理的人自由發揮，因為你曉得他們會把工作做好，他們的做法與公司文化相契合。

　　當然，不需要大家都聚在一起才能創造出強烈的企業文化。最好的企業文化來自人們實際的作為，而非寫在使命宣言裡的教條。剛加入組織的新人眼睛都很亮。他們看得出公司如何下決策，是否用心，以及解決問題的方式等等。

　　硬要說的話，遠距工作員工促使你早日破除企業文化是建立在人際社交活動上的幻想。現在你可以用實際行動來界定並實踐自己的企業文化了。

擺脫「愈快愈好」（ASAP）的心態，心愈靜，生產力愈高。

我現在就要答案！

　　要是大家同處在一間辦公室，很容易養成隨時為了一點小事就去打擾別人的壞習慣，不管別人是否正在工作。這是許多人在傳統辦公室環境中工作，生產力低落的主要原因——充滿太多干擾了。要是你已經習慣這樣的工作環境，很難想像隨時想到芝麻綠豆般的小問題，卻不能馬上得到答案的世界。但這樣的世界真的存在，過起來還挺舒服的。

　　首先你必須認知一件事，**並不是每個問題都需要立即獲得解答**。沒什麼比占用別人時間，要對方回答其實不需要馬上知道答案的問題，更傲慢的行為了。要知道，事有輕重緩急。

　　一旦你明白這點道理，就能真正踏上智慧和高生產力的道路。可以幾小時後才知道答案的問題，寫信問就行了。幾分鐘內必須獲得解答的問題，用即時通訊詢問也可以。全於天快塌下來般十萬火急的危機，其實可以運用「電話」這個舊時代的科技。

　　將問題分出輕重緩急，你便能很快瞭解，有八成的問

題一點都不急，而且用電子郵件詢問，比走去同事桌前直接問合適。更棒的是，你可以留下對方回應的書面記錄，留待日後查閱。

接下來 15% 的問題可以用聊天室或即時通訊處理。大多數人都不喜歡打字聊天，通常都會速戰速決馬上講重點。原本可能花上十五分鐘的干擾行為，如今只要來回三分鐘就結束了。

最後剩下 5% 的問題，都能透過電話處理。沒錯，透過電話溝通看不到對方的肢體語言，不過，除非你是要炒別人魷魚，或是進行深度訪談，見不見面或許沒你想像中來得重要。

要戒掉「愈快愈好」（ASAP）的癮頭，可能還是會發生戒斷症候群。剛開始一兩天你會覺得沮喪，因為你的腦袋得適應透過新的媒介與他人互動。你也必須避免將快速回應的期望轉移至你使用的新媒介。透過電子郵件處理八成的問題，可能會讓你感到不愉快，因為對方沒辦法在十分鐘內馬上回應。

一旦你戒掉「愈快愈好」的癮頭，你會不禁佩服起自己過去面臨不斷的干擾，居然還能完成那麼多工作。放下急切想得到答案的心性，等別人有空協助你時，答案自然

對付害怕失去掌控權的主管，
唯一的辦法就是一步步慢慢來。

會出現在眼前。這幾乎是禪的境界。運用沉靜的心境達成
更高的生產力吧。

可是，這樣我會失去掌控權

　　這一點雖然很少有人明講，但是許多反對遠距工作的意見，都是基於害怕自己沒辦法掌控全局。自己手下的人馬在眼前，像梅爾‧吉勃遜在電影《英雄本色》裡一樣隨時發號施令，看大夥同聲一氣舉起長矛進攻，幾乎是人類的原始欲望。

　　對許多人來說，當主管就是想掌握這樣的控制權，這已是他們身份識別不能切割的一部分。對強勢領導的主管而言，所謂「直接督導」就是把下屬擺在自己視線之內。這種思考邏輯是，只要我看得見他們，就能控制他們。

　　要剝奪管理者這種過時的控制權觀念，很難用講道理或符合邏輯的方式。這件事必須慢慢來，等到發號施令者自己覺得沒問題了才行。某方面來說，這跟治療恐懼症很類似。你不能跟害怕蜘蛛的人說，他們的恐懼很愚蠢，沒必要怕，他們就不怕。你必須一步步循序漸進，將這種情結從他們的爬蟲類腦移至額葉。

　　所以啦，假如主管害怕失去掌控權，你必須從小範圍著手。先從每週三在家上班開始，讓他們知道世界並不會

因此崩壞。不僅世界沒因此而毀滅，你瞧，我額外完成了
這麼多工作！然後你就可以慢慢把在家工作增加到兩天，
工時變得更有彈性，要不了多久你就能搬去別的城市生
活，整套機制繼續順利運轉下去。

好啦，事情或許不總是這麼順利。就算再厲害的精神
治療師，有時也沒辦法治好蜘蛛恐懼症，何況你沒有專業
治療師那麼訓練有素。至少你知道這樣的策略比較有可能
成功，總比逼主管以爬蟲類腦思考，要不翻臉，要不逃避
來得強吧。假如你老闆選擇翻臉，到時候輸的就是你了！

爬蟲類腦的抗拒並非出於理性，而是情緒的反應，甚
至可謂本能，「可是這樣我會失去掌控權」堪稱最難對付
的藉口。就算你有這本書的金玉良言做為後盾，還是有可
能失敗。如果這種情況，或許你該考慮收拾包袱，換個工
作了。

WE PAID
a LOT of
MONEY
for THIS
OFFICE!

我們花這麼多錢買下這間辦公室！

我們可是花了一大筆錢買下這間辦公室

　　這可能是各公司行號禁止遠距工作最愚蠢的理由之一，你還是不時會聽見這樣的藉口。認真回應這種無稽之談，你就輸了。如果你還是不得不回應，那咱們就來吧。

　　假如這個老闆的事業成功到可以負擔得起豪華辦公室，你可能以為他們聽過「沉沒成本」的概念。不過大家看美國時尚及娛樂界卡戴珊（Kardashians）一家人的電視實境秀時，心裡一定也納悶，他們怎麼可能會有今天的財富地位，對吧？只要記住這種感覺，千萬別不相信，然後認真替他們上一堂商業經營入門課。

　　沉沒成本是指，花在辦公室上的錢已經花掉，不論是誰出錢、辦公室有沒有人使用，這筆錢都拿不回來了。因此對於工作地點最合理的想法是，現在唯一要緊的是，辦公室能否成為達成較高生產力的場合，就這麼簡單。

　　假如你非得拿出數據，就拿張紙巾來算算。假設你在辦公室的生產力有五小時（哈！），在家工作生產力達到六小時，那就代表你在自家客廳工作多出了兩成生產力。這麼一來，誰還敢多說一句話？

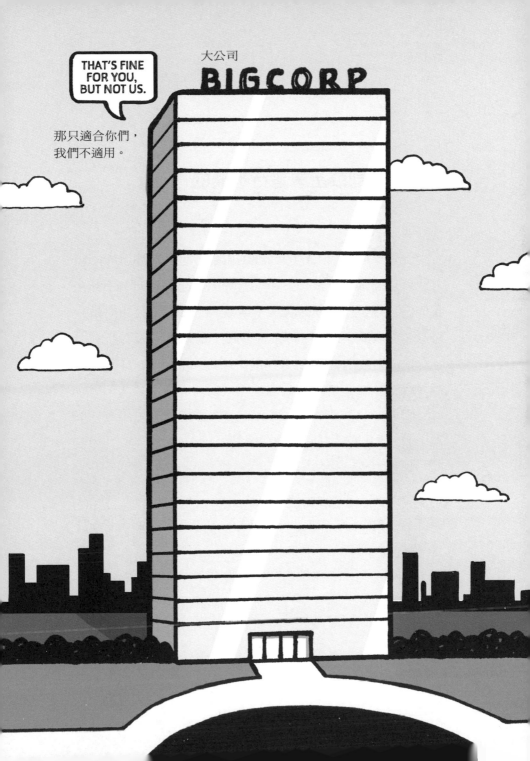

對我們公司或產業是行不通的

　　儘管支持遠距工作的好理由俯拾皆是，最簡單的反駁方式就是連試都不試一下。「對啦，聽起來不錯，不過在我們這一行是行不通的啦。」或者說「那對小公司來說還可以，但規模一大就不行了。」噢，幫幫忙好嗎！

　　以下是我們發現可以因遠距工作受益的行業：

- 會計
- 廣告
- 顧問
- 客服
- 設計
- 電影製作
- 財務
- 政府
- 硬體
- 保險
- 法務

- 行銷
- 招募
- 軟體

我們這裡列舉的並不僅是這些產業裡少數具前瞻性的單位。在健康保險這一塊，名列《財星》百大的安泰保險公司（Aenta），在美國境內將近三萬五千名員工中，有一半都在家工作。至於會計師事務所，德勤（Deloitte）的員工總數與安泰差不多，他們有高達 86% 的員工至少有兩成時間都採取遠距工作。英特爾也有 82% 的職員經常遠距工作。

就連政府單位也開始實行遠距工作。美國專利商標局 85% 的檢驗員、太空總署 57% 的員工，以及環境保護局 67% 的員工，都有某種程度採取遠距工作。

下列是部分採取遠距工作的公司，依規模分為三類：

員工超過十萬名的公司

- AT&T（電信）
- 美國聯合健康集團（UnitedHealth Group）（健康照護）

- 麥肯錫（McKinsey & Co.）（顧問）
- 英特爾（科技）
- 壯生（製造業）
- 安泰（保險）
- 思科（科技）
- 德勤（會計）
- 英國匯豐銀行（HSBC UK）（金融）
- 英國電信（British Telecom）（英國電信公司）
- 聯合利華（Unilever）（消費性產品）
- 美國快捷藥方公司（Express Scripts）（藥事供給管理）

員工人數一千至一萬人的公司

- 美國賓士（汽車）
- 為美國而教（Teach for America）（教育）
- Plante Moran（特許會計師、企業諮詢）
- 夢工廠（Dream Works Animation, SKG）（電影）
- 博欽法律事務所（Perkins Coie）（法律）
- 美國富達保險（American Fidelity Assurance）（保險）
- 美國教育部（政府部門）

- 維珍航空（Virgin Atlantic）（航空）
- 博科通訊（Brocade Communications）（科技）

員工少於一千人的公司

- GitHub（軟體）
- Ryan, LLC（稅務服務）
- Automattic（網路開發）
- MWW（公關）
- Kony（行動 App 開發）
- TextMaster（翻譯、文案）
- BeBanjo（電視軟體供應商）
- Brightbox（雲端主機）
- He:Labs（網路開發）
- Fotolia（影像資料庫）
- FreeAgent（線上會計軟體）
- Proof Branding（品牌、設計）

　　完全不能採遠距工作的行業，如今已所剩不多。別讓「業界慣例」這種蹩腳的藉口，成為公司不採行遠距工作的理由。

第三章

遠距工作怎麼合作

務必重疊

只要有四小時的重疊工作時間，
就能避免延誤工作。

重疊的工作時間

遠距工作要成功，通常需要跟同事有重疊工作的時間。「外包」之所以長久以來讓遠距工作蒙上惡名，其中一個原因就是來回溝通或取得成品的時間，時常會遲上一天。沒錯，工作拖延是有可能的，不過我們不建議這麼做。根據我們在 37signals 的經驗，需要有四小時的重疊工作時間，才能避免協同合作延遲，感覺彼此是一個團體。

假如你在洛杉磯，合作對象在紐約，這不成問題；不過假如你人在芝加哥，工作夥伴卻在哥本哈根，那就有點麻煩了。七小時的時差是 37signals 必須學習克服的課題。解決這點沒別的撇步，我們必須做出妥協。

我們的辦法是，哥本哈根的員工從當地時間上午十一點工作到下午七點，芝加哥的員工則從上午八點工作至下午五點，這樣彼此之間便會有四小時的重疊時段。

幸好，除了朝九晚五，工作與生活的時間分配還有許多可喜的選擇。放寬心胸去接納它吧。說來諷刺，當工作時段只有一半與團隊成員重疊時，你的工作效率或許反而會增加。你不會成天處理標示「急件」的電子郵件，或是

一直被電話打擾，工作開始或結束的時段反而全都屬於你自己。此外，你也會驚訝地發現，許多人偏好非傳統的工作時段。或許因為他們擁有額外的時間陪伴家人，或從事自己感興趣的事，或是他們在三更半夜或清晨的工作效率最高。

假如你實在沒辦法克服時差問題──比方說你人在洛杉磯，但你在上海找到一位超級設計師，你就得想辦法在無即時協同合作的情況下工作。事實上我們覺得在大部分情況下，這樣做的挑戰性很高。雖然不甚理想，如果這樣運作獲得的效益夠吸引人，還是有公司願意如此運作（若只為節省人力成本當然不值得這麼搞，要是能因而募得一等一的人才，那就值得了。）

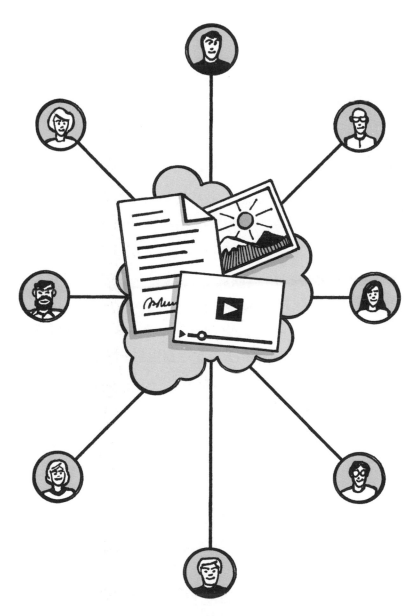

不管人在哪裡，大家都可以看到同一個畫面。

眼見為憑

　　許多人對遠距工作嗤之以鼻，主要是誤以為遠距合作會矇蔽一些事物。我們大家都有過這種經驗，在電話會議中得花上好幾分鐘解說的事，只消親眼看到一兩秒就懂了。這實在不妙。

　　幸好要解決這個問題極其簡單。現在有 WebEx、GoToMeeting、Join.me 等工具，輕輕鬆鬆便能分享畫面，進行各種合作。不論是進行簡報、檢視網站的最新變更、一起用 Photoshop 畫圖，甚至是一起編輯簡單的文件都行。

　　分享畫面很容易上手，過不了多久你便會覺得開電話會議沒分享畫面簡直毫無意義了。人們常說要齊聚一堂開會才能達到成效，說穿了根本沒什麼：就是眼睛能看到同樣的東西，而且可以互動。

　　請注意，這裡談的畫面分享跟視訊會議不一樣。視訊會議的目的是要讓彼此能見到對方的臉。畫面分享並不需要網路攝影機，原理比較像是兩人一起坐在同一台電腦螢幕或投影機前。重點在於協同合作，而不是觀察別人臉上的表情變化（雖然同樣需要約好時間地點）。

就算非同步，也能達到協同合作的效果。在37signals，假如有同事想展示手邊新產品的特點，最簡單的方法就是利用螢幕錄影，然後配上自己的解說。

簡單來說，螢幕錄影就是錄製下自己螢幕上的畫面，其他人就能像看影片一樣重播。這可以應用在許多場合，呈現最新的銷售數據，或是解釋新的行銷策略時都很好用。

看到這裡，你若還是不住搖頭，哀嚎自己不懂電腦的話，別擔心，你不必是電腦高手才辦得到，方法其實簡單得很。麥金塔電腦本身有內建的螢幕錄影功能，只需要打開 QuickTime 播放器，選擇開始「新的螢幕錄影」，接著把自己想秀的東西秀在螢幕上，再利用電腦本身的麥克風進行解說，這樣就行了。大家就都能看到你近期努力的成果了。

你不需要把螢幕錄影做得盡善盡美。如果你想把螢幕錄影變成奧斯卡金像獎般的巨作，或者毫無瑕疵的話，很容易會在上頭耗費許多寶貴時間。其實只要讓錄影持續下去，成果絕對夠好了。

共享所有檔案才能確保工作順暢。

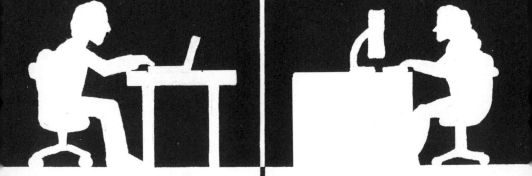

PORTLAND
波特蘭

HELSINKI
赫爾辛基

一切都公開

　　接下來該怎麼做？明天提案需要的檔案在哪裡？強納斯下禮拜有空跟我一起做這件事嗎？你有史考特關於新視覺稿（mockups）那封信嗎？大家在同時段排排坐辦公時，這些問題鮮少會讓我們多想一秒鐘。一旦你開始遠距工作，如果沒好好建立起工作流程與架構的話，保證有你好受的。

　　關鍵在於，你必須讓所有人隨時能存取所有檔案。假如倫敦的派崔克得耗上五小時，等芝加哥的同事上線，才能知道自己接下來要做什麼，這樣就浪費掉半天的工時了。一家公司要是這樣浪費時間，不用多久便會宣告「遠距工作根本行不通」。

　　我們之前便討論過，資料與指令無法取得的問題，透過科技幾乎都能解決（其餘就得靠良好的溝通文化了）。事實上，這個問題就是我們當初打造 37signals 旗下第一個產品 Basecamp 的原因。Basecamp 在雲端建立了一個單一的集中空間，讓我們可以將所有相關檔案、討論、待辦事項和行事曆都放在上頭，確保工作流程暢行無誤。我

們公司因此得以從原本四個人的規模，擴增到如今三十六人的局面。

我們將 Basecamp 與程式碼庫 GitHub 整合，這樣一來，所有人隨時都能讀取所有的程式碼，包括程式設計師在討論串中提出的更動建議。這些更動建議可能會花很多時間討論——幾小時或幾天。

共享行事曆讓我們可以知道安德莉雅何時結束產假、傑夫什麼時候要去度假。假如貴公司規模大到沒辦法讓所有人共享同一個行事曆，那就分團隊共享行事曆吧。

如今有無數的工具可確保團隊一切資訊公開共享。有些公司只用 Dropbox 就能方便地分享檔案，有些公司則利用 Highrise 或 Salesforce 等產品來追蹤銷售線索。

重點在於，避免把重要檔案鎖在某一個人的電腦或收件匣中。公開共享重要的東西，就不會落得有人必須上窮碧落下黃泉，才能完成工作。

THE Virtual WATER COOLER

虛擬

茶水間

一起到虛擬茶水間聊天吧。

虛擬茶水間

　　遠距工作能讓生產力大幅提升。干擾減少了，完成的
工作量自然就會變多！不過，一直工作不休閒教人疲憊，
連續工作八小時可不像管理者想像中那般美好。我們都需
要讓頭腦放空的休息時間，與工作夥伴一起放鬆的效果也
不錯。此時，我們就需要虛擬茶水間了。

　　37signals 採用的聊天程式是我們公司自己設計開發的
軟體，叫 Campfire，其他科技公司則會用網際網路中繼聊
天（IRC）伺服器。目的在建立單一固定的聊天室，讓大
家整天都有地方可以哈啦、張貼有趣的照片、偷個小懶。
沒錯，你也可以用聊天室來回答工作上的問題，不過主要
功能還是提供凝聚感情的社交空間。

　　聊天室最棒的一點是你不需要一直注意它。大家自然
會依自己休息的時候登入登出。你剛完成那個畫面的設計
嗎？太棒了。貼張貓咪拍手的趣味照片，播放嗚嗚茲拉號
角聲慶祝一下吧。一定有同事還沒看過那張貓咪照片，肯
定能讓他們一整天心情愉悅。

　　如果你是那種對貓咪貼圖無感的人，聊天室起碼是討

論熱門新聞、《權力遊戲》最新劇情發展、午餐要吃什麼的好地方——那些大家會在傳統辦公室茶水間閒嗑牙的話題，也是分享即時新聞動態的好方法。蘋果公司每次發佈新產品時，我們公司的聊天室總是響個不停。

　　虛擬茶水間對遠距工作者的意義是，可以掌控自己與他人的社交互動——時間和頻率任你決定。一開始，你或許會覺得這有點浪費時間，特別是你不習慣隨時瀏覽Reddit之類的推文網站的話。不過，能和同事一起消磨時間也不賴啊。每個人都需要偶爾放鬆一下。

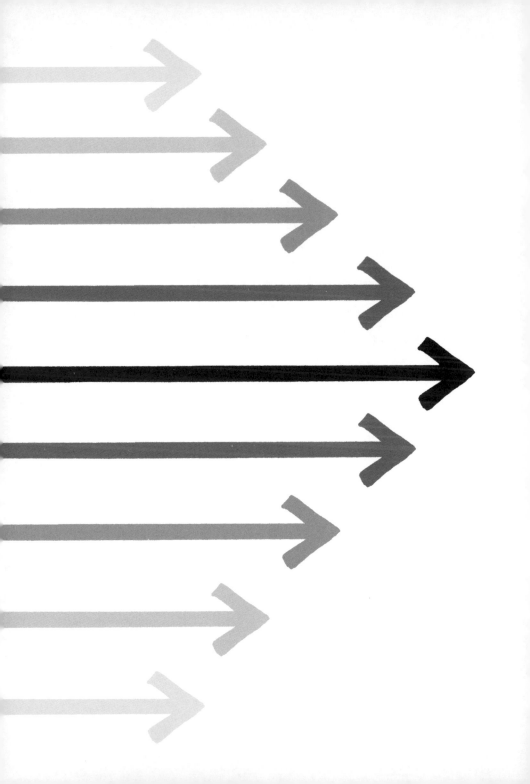

前進的動力

　　當你和同事同處一室工作時，很容易覺得自己對公司裡發生的大小事瞭若指掌。早上泡咖啡時你會和同事閒聊，午餐時討論工作最新進度，辦公室裡資訊的流通有一種心照不宣的氣氛。至少感覺起來是那樣子的，這種穩定的感覺令人安心。

　　遠距工作自然不會產生這種資訊的流通。沒錯，或許會有專案經理透過電子郵件或聊天室查看大家的進度，但那只能讓管理者了解目前工作的狀況。要兜攏公司的凝聚力，齊心向前進，就得讓所有人覺得自己是團隊的一份子。

　　在 37signals，我們透過每週更新的「你最近在忙什麼」討論串，把凝聚團隊的方式制度化。大家都聊上幾句，講講自己過去這個禮拜做了什麼事，接下來這週有什麼目標。這不是一個準確而嚴格的評估流程，或藉此達成協調的目的，用意只是讓大家覺得我們都在同一條船上，並不是孤單地划著自己的小船。

　　這個討論串同時也能善意地提醒大家，每個人都要有進展。沒有人想在討論串裡說，「這禮拜我把『最後一戰

4』給破關了，嗑掉吃剩的披薩，也追到最新一集的『玩咖日記』。」人的天性就是不想讓自己隸屬的團隊失望。實際看到努力成果化為文字呈現，更能強化凝聚力。

　　而且要唬弄同事比欺騙上司來得困難。跟沒有技術背景的專案經理講話時，程式設計師會把三十分鐘就能做完的事情，講得跟去北極探險一樣。要是別的程式設計師聽到你編的故事，一定會發現你在搞鬼。

　　簡單來說，工作進展若能跟同事分享，是最快樂的。

與同事分享工作進度最快樂。

成果決定一切

雇用遠距工作者所帶來意想不到的好處之一，是工作成果變成評斷績效的唯一標準。

要是你整天都看不到某個員工在你眼前出現，唯一需要評估的就是他的工作表現。許多無關緊要的評估指標因此消失於無形，你根本沒辦法計較他「是否九點準時上班」，或「休息次數過於頻繁」，或「拜託，每次我經過他的座位，電腦螢幕上都開著臉書」。這正所謂塞翁失馬焉知非福啊！

你唯一能評斷的是「這個人今天做了什麼」，而非「他們什麼時候進辦公室」或「加班到多晚」。重點會轉向**實際的工作進度**。你不必再問遠距工作者「你今天做了什麼」，而是說「讓我看看你今天的工作進度」就行了。身為管理者，你得以直接評估工作的成效（這就是你付他薪水的原因），不需操心那些無關緊要的瑣事。

最棒的是，事情會變得清楚明瞭。把重點放在工作成果上，你就能清楚看出，公司裡誰真的有出力，誰沒有。

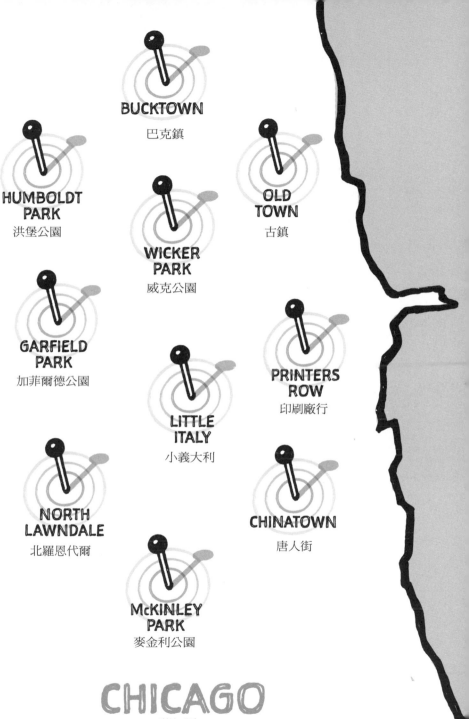

BUCKTOWN
巴克鎮

HUMBOLDT
PARK
洪堡公園

OLD
TOWN
古鎮

WICKER
PARK
威克公園

GARFIELD
PARK
加菲爾德公園

PRINTERS
ROW
印刷廠行

LITTLE
ITALY
小義大利

NORTH
LAWNDALE
北羅恩代爾

CHINATOWN
唐人街

McKINLEY
PARK
麥金利公園

CHICAGO
芝加哥
遠距工作未必非要在外地不可，
就算在另一條街上也可以遠距工作。

不一定要跑到外地才算遠距

　　遠距工作不是只有人在外地、遠在天邊才算，你也可以在一條街外的地方遠距工作。遠距指的是，你並不是成天朝九晚五待在辦公室裡。

　　37signals 有十三個人在芝加哥辦公室工作。準確來說，是十三個人有辦公桌。大家同時進辦公室的情況倒很少見，大多數時候只有五、六個人在。其他同事都忙著工作──只不過不在現場。

　　遠距可能代表人在公司附近的咖啡館、家裡、圖書館，或是市區的共同辦公空間。沒錯，嚴格講起來他們人在不遠處，但只要不在辦公室，就跟身在鳳凰城、紐約或莫斯科的員工一樣遠。

　　倘若你是老闆或管理者，允許本地員工實施遠距工作，是評估自己是否適合遠距工作模式的好起點。這樣做的風險很小，實施起來很簡單，就算成效不彰，大家還是可以回辦公室來工作。

　　你得注意：假如你想實驗遠距工作，就得做得徹底，至少試上三個月。一開始一定會需要適應，要給大家一些

時間上軌道。你甚至可以從兩天遠距、三天進辦公室開始。
假如一切順利，就換成兩天進辦公室三天遠距，慢慢調整
到可以整個禮拜離開辦公室遠距工作為止。

　　這種做法可以讓你在雇用遠距（意思是在別處）員工
之前，有調適的機會。你心理上會準備好，知道即將發生
什麼狀況，並累積成功的經驗。

做好面臨危難的準備

系統設計中有所謂「單點故障」的概念。要達到高可靠性，需把大部分的功夫花在排除單點故障上。每件事終究會出現紕漏，假如沒有備份系統的話，就等著停擺吧。

強迫所有人每天進辦公室本身，就是一種組織性的「單點故障」。倘若辦公室斷電、斷線或空調失靈，辦公室就失去做為工作場所的功能。假如一間公司不具備因應意外狀況的訓練或架構，就會失去與客戶的聯繫。

這在容易遭受劇烈天氣變化或天災的地方，尤其嚴重。你只需想想襲擊美國東岸的暴風雪與颶風、橫掃堪薩斯州的龍捲風，還有肆虐南加州的森林大火──這些只是美國當地的諸多案例之一，全球各地還有許多容易發生天災的區域，人們還是照樣在那些地方做生意。

美國富達保險指出，即使碰到災害依然能持協助客戶，是他們一直採取遠距工作的主要原因之一。富達保險曾因惡劣的天氣因素必須關閉奧克拉荷馬市的總部，此時，遠距工作的員工仍繼續在家裡工作，客戶完全感覺不出與平常有何異狀。

　　其他平常沒採取遠距工作的員工，也被要求每個月得遠距工作一兩次，面臨天災時，才能有所準備。富達保險公司也鼓勵大家在流感高峰期，或新流感 H1N1 等疫情爆發時，留在家中工作。

　　當然了，天災雖然不常見，個人「災難」卻時有所聞，這時，擁有遠距工作的能力變得很重要。在傳統辦公室的環境，你只要感冒、孩子生病、必須待在家裡等水電工來修東西，一整天的工作就報銷了，還有許許多多意外狀況隨時可能發生，讓你沒辦法離開家裡，但你沒必要因為這樣就無法工作。

　　在日常作息中預備好遠距工作的準備，能幫你輕鬆應付這些討厭的狀況。不論出現何種挑戰，就算是暴風雪來襲，或是得留在家裡等除蟲公司來救你，唯有**分散型團隊**才能面不改色地繼續工作。

少吃 M&Ms

　　大多數時候，當你聽到別人臆斷遠距工作為何行不通時，都會點明兩件事：其一，你沒辦法和不在辦公室裡的人當面開會。其二，管理者沒親眼看見員工工作，就無法確定他們是否真的在工作。

　　針對這兩點，我們想提供非常不一樣的看法。我們認為在職場生活中，**「開會」與「管理者」正是工作成效不彰的最主要原因**。事實上遠離開會與管理者，才能完成愈多任務，這正是我們熱情擁抱遠距工作的關鍵之一。

　　開會跟管理者（meetings 與 managers，我們簡稱為M&Ms）到底哪裡錯了？這個嘛，他們本身沒有錯。錯的是他們在辦公室情境下所發揮的作用。

　　開會。唉，開會。你可曾認識喜歡開會的人？我們也不認識。為什麼呢？開會應該很棒啊，這是讓一群人齊聚一堂直接溝通交流的機會，應該是件好事啊。開會的確是件好事，假使久久發生一次的話。

　　當開會變成一種常態，成為討論、辯論及解決所有問題的首選途徑時，會議就變得浮濫，我們會對討論結果感

M & Ms 還是少吃為妙。
遠離開會和管理者才能完成更多工作。

到麻木。會議應該像撒鹽一樣，酌量使用便能提味，而非每喝一匙湯都亂撒鹽。放太多鹽會壞了一道菜，開太多會則有害工作士氣與動力。

還有，會議對工作的進行是一種打擾。開會逼得許多人放下手邊的工作，改做別的事情。召開會議前最好確定，把七個人從工作抽離所得到的結果，真的值得浪費整整七個小時的生產力。有多少會議真的值得這麼做？別忘了，開會一小時不等於只花了一小時，假如你把五個人拉來開會，這樣就算是五小時的會議。

那麼管理者又怎麼了？管理者很好，管理者的角色不可或缺。不過管理跟開會一樣，只能在真正需要的時候酌量使用。一直打探員工在做什麼，只會干擾他們真正要做的事。而且管理者通常就是召開會議的人，他們的存在導致生產力下降。

部分問題出在，管理者覺得無時無刻都必須有管理的痕跡，不論是否真有需求。那些人們望之生怯的進度會議、硬生生打斷工作進行預測，以及所謂的規劃會議，正是管理者一週的工作。雖然監督產出有時的確很重要，卻很少需要一週花上四十小時的人力。十小時或許剛好，但全職管理者很少有勇氣每週只現身十小時。

　　遠距工作模式讓管理者輕易看出，忙東忙西不僅是為了別人，也為了自己。把大家拉進會議室，走到同事身邊東張西望，雖不會留下打擾別人工作的痕跡，但都屬於「馬上放下你們手邊工作來陪我玩」的行徑。當管理階層被迫以電子郵件、Basecamp、即時通訊及聊天室進行遠距管理，其效力卻具目的性、更簡化，大家可以把力氣放在真正的工作上。

　　M&Ms 在遠距工作的世界依然占有一席之地，不過，當所有事情在網路上都留有記錄，你會更清楚察覺自己到底消耗了多少 M&Ms。開會和管理雖是好事，但 M&Ms 還是少吃為妙。

第四章

避開陷阱

遠距工作並不表示你得死守在家裡。

幽閉恐懼

跟同事一起上班或許像是煉獄，但遺世獨立也絕非天堂，即使最內向的人依然屬於「社會性直立猿人」（Homeous Socialitus Erectus）。正因如此，囚犯較害怕被關禁閉，反而比較願意跟其他犯人關在一起。我們生來就不是離群索居的動物。

遠距工作的小小缺點是，偶爾你會覺得身旁圍繞了許多人。工作夥伴全在即時通訊或 Campfire 上，你一直收到大量電子郵件，Reddit 上的網路小白又氣得你牙癢癢的。即使如此，還是不能完全替代真實的人際互動。

從多年來的遠距工作中，我們觀察到最寶貴的經驗是，人際互動並不一定要來自同事或業界友人。有時，更令人心滿意足的經驗是來自與配偶、子女、家人、朋友及鄰居間的互動。這些人可能離你的辦公室有千哩之遙，但他們就在你身邊。

就算你身邊沒有親朋好友，還是能跟人互動，只不過得多花點力氣。比方說，你可以找到共用工作空間，跟其他遠距工作者共享辦公空間。目前在各大城市都可以找到

這樣的設施,甚至規模小一點的城市也都有了。

　　另外一個方法是,偶爾到外頭的真實世界走走。不論大城市或小鄉鎮,都能找到讓人維持正常而符合人性的社交活動,到公園裡下棋、打籃球,或是午休時去學校或圖書館擔任志工都好。

　　幽閉恐懼是真實存在的,遠距工作者跟必須進辦公室工作的人相較,更容易受影響。幸好這個問題很好解決,遠距工作不表示你得被綁在家裡的書桌前。

自己訂好上班和下班的時間。

上班打卡、下班也打卡

　　歐威爾（George Orwell）在小說《1984》中寫道：「自由是一種奴役」。我們在此斷章取義拿來形容，沒有妥善分配遠距工作與生活的下場。由於你不必朝九晚五趕著進辦公室打卡，很容易會落得一天到晚都被工作枷鎖禁錮的局面。

　　一開始好像沒什麼。你一早起來在床上打開筆記型電腦，回覆昨晚收到跟工作相關的電子郵件。然後替自己做了個三明治，邊吃邊工作到午餐前。用完晚餐後，你又覺得好像得跟西岸的傑瑞米聯絡一下，確認某件事情。不知不覺中，你每天的工時變成從上午七點到晚上九點了。

　　這就是具備熱忱的人待在家裡工作得到的諷刺結果。管理者出於本能會擔心員工生產力不足，真正的威脅反而是工作做太多。由於管理者如今不在員工身旁，他也沒辦法得知員工是否體力透支。

　　因此，管理者必須建立起合理期待的文化。37signals期待並鼓勵員工每週平均工作四十小時，我們可不會頒獎給超時工作的員工。當然啦，偶爾還是得努力衝刺一下，

大致上我們公司將工作視為一場馬拉松，每個人都調整好步伐最重要。

　　鼓勵員工思考自己「一天盡力工作的成果」有助於建立合理的界線。每天工作接近尾聲時，請捫心自問：「我是否已盡力做完今天份內的工作？」

　　回答這個問題會令人心情得到釋放。即使整件事還沒「做完」，假如答案為「是」，你就可以安心放下工作，因為你已經完成了任務。假如答案為「否」，那麼你就當作今天狀態不佳，好好思索「五個為什麼」*（連續對一個問題提出五個質疑，找出背後根本的原因）。

　　生產力源源不絕的感覺的確很棒。假如昨天的工作狀態絕佳，你很可能會一直持續下去。假如你能維持絕佳狀態，其他事情大概也會水到渠成。你就不必一早起床一路工作到上床睡覺了。

---

* 5W 是指 What（說什麼話）、When（何時）、Where（何地）、Why（為何發生）、Who（和誰發生這件事）。http://en.wikipedia.org/wiki/5_Whys

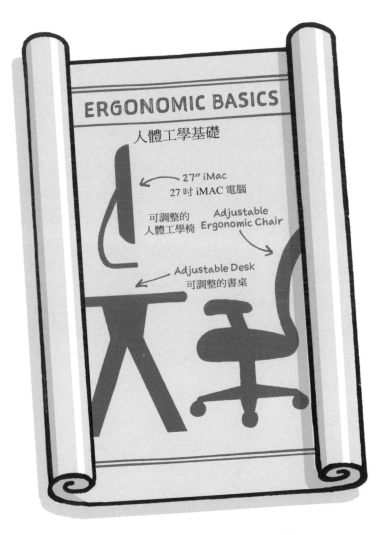

ERGONOMIC BASICS

人體工學基礎

27" iMac
27 吋 iMAC 電腦

可調整的
人體工學椅

Adjustable
Ergonomic Chair

Adjustable Desk
可調整的書桌

在家工作的環境也要符合人體工學。

工作環境要符合人體工學

在家工作意味你可以自由在任何地方工作。可能一早先在廚房流理臺上工作，然後轉戰沙發。假如天氣晴朗，你家又剛好有座花園，還可以到戶外邊享受陽光邊工作。如果你真的打算長期在家工作，必須把人體工學的基本需求先搞定。

你得有張合適的工作桌（高度可調整）、合適的椅子（人體工學椅），還有大小適中的螢幕（高解析度的二十七吋螢幕）。這些設備乍看之下可能有點昂貴，不過要是能維持你背部、視力以及身體其他部位的健康，實在很划算。

埃森哲公司有81％的員工採取某種程度的遠距辦公，他們甚至明定出「專業工作者的人體工學」內部程序，以確保員工安排好工作環境。該公司甚至列出一張設備用品清單，上面都是公司挑選出來符合人體工學的舒適辦公設備。還有合格的人體工學專家（是真的醫生！）提供支援服務，幫助員工找到最合適的辦公配備。

一般公司總部是由室內設計師替每個人挑選一模一樣

　　的桌椅，在家裡你可以佈置完完全全專屬於個人的空間。
或許你不喜歡坐在椅子上工作。我們公司便有員工喜歡站
著工作、靠在高腳椅上、坐在抗力球上，或隨時變換上述
各種姿勢。

　　事實上，變換姿勢比維持單一姿勢好多了。人身體結
構的設計，可不是要你一天八小時維持同樣的姿勢，但在
一般辦公室環境裡，你很難一直變換姿勢。

　　咱們也別忘了，運動褲是很符合人體工學的！你既然
不需要打扮得人模人樣出門亮相，就別害臊，偶爾邋遢點，
只要出門去真實世界吃午餐前，記得換件褲子就是了。

找些藉口，起來動一動吧！

當心發福

　　現代的辦公室文化向來不利於健康的生活型態。你得
一早起床通勤上班，在椅子上坐滿八小時，然後回家躺在
沙發上看電視──難怪大家愈來愈胖。

　　這還不是最糟的！假如你沒刻意努力，在家工作甚至
更沒有機會達成醫生所建議日行萬步的目標*。去辦公室
上班這段路，你起碼得走路到車子旁邊或是車站，騎腳踏
車的話就更棒了。當然，在傳統的辦公室裡，到別的部門
找同事還會走上一點點路。而且你一定得衝過馬路去吃午
餐，回家路上也許會多走上幾步。雖然各項研究的結果不
盡相同，但辦公室工作者平均每天會走上兩千至四千步。

　　一般上班族自然不是健康生活的典範，不過你覺得自
己每天下床、走進隔壁房間的居家辦公室能走上幾步路？
你可能不敢戴上計步器來計算吧。

---

* "The Pedometer Test: Americans Take Fewer Steps," *New York Times*, http://well.blogs.nytimes.com/2010/10/19/the-pedometer-test-americans-take-fewer-steps/

　　健康保險業者安泰證實了這個問題真實存在，該公司全美二千五百名員工中，有將近一半在家工作。他們發現，採行遠距工作的員工體重普遍偏重。如今該公司提供網路個人健身教練服務，幫助員工維持體態。*

　　在 37signals 公司，我們竭盡全力鼓勵遠距員工維持健康的生活型態。員工加入健身房的話，每人每月有一百美元補貼，從當地農家宅配新鮮蔬果的費用也全數由公司負擔。+

　　假如你一整天都沒有移動的理由，那麼為自己找點藉口起來動一動吧。比方說，別坐在書桌前吃午餐了，去咖啡廳或輕食餐廳吧。帶著狗狗去外頭好好遛一遛。利用休息時間上跑步機動一動。如今你省下了通勤所浪費掉的時間，實在沒理由說你沒時間運動或調理健康飲食了。

---

* "For Some, Home = Office," *Wall Street Journal*, December 20,2012
+ "37vegetables," hllp://37signals.com/svn/posts/3151

團隊都要投入

如果你這樣執行遠距工作，鐵定失敗：挑出一名員工，要他「試試看遠距上班怎麼樣」，其他一切照舊。三個月後包準抱怨連連，說遠距工作完全不適合你們公司的組織架構。

「吉姆的向心力變差了。」

呃，廢話。

你不能把一、兩個人發配邊疆，打算這樣實驗遠距工作。想好好嘗試遠距工作，至少得讓整個團隊投入，包括專案管理人員以及相關工作人員！然後你必須多留一點時間磨合，畢竟穿新鞋也要一陣子才能合腳，不是嗎？

就算你身邊充滿對遠距工作躍躍欲試的人（一開始大多數人都興趣缺缺），依然不變。革除舊習慣，適應新方法急不得。要是你已經習慣隨時打斷別人，一時間不能這麼做，會產生戒斷症候群。

有些時候，你會討厭這樣的遠距工作方式，不僅你老闆討厭，同事也討厭。就跟你以前在辦公室裡，多麼希望身邊的人都變成花園裡的雕像般，閉上嘴巴讓你專心工作

一樣。各種工作型態都有好有壞。

　　最重要的是，所有人（起碼有一定人數）必須一起體驗遠距工作帶來的效應，不然，很容易只在負面效果上鑽牛角尖。要是其他人還去辦公室上班，他們怎能理解你不再浪費時間通勤的好處，或是因此多出時間陪伴孩子、閱讀，做自己喜歡的事情？他們就是不懂。

　　美國富達保險公司從一群自覺遠距工作再自然也不過的人開始實驗──也就是一支先驅實驗團隊。確保軟硬體設施完備，再把計畫推行至全公司。實驗團隊的成員便成為公司內部遠距工作的「推廣人員」，他們會與同事分享成功經驗，說明自己因為工作熱忱提振，生產力因而飆升。（其產值增長幅度之高，使得該公司甚至得關閉職缺需求。）

　　遠距工作要做就得徹底實施，不然就別白費功夫。一開始小規模試行沒關係，別隨便搞搞就放棄了。

☑ REMOTE 遠距工作
☑ REFERENCES 建立關係
☑ SHOW WORK 展現成果
☑ AVAILABLE 保持聯絡
☑ PARTNERS 成為夥伴

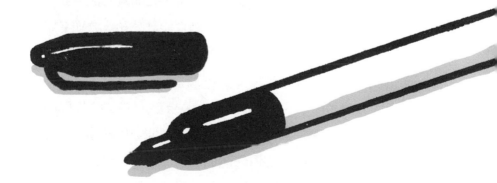

打從一開始合作，就要建立起客戶的信任。

與客戶的合作訣竅

37Signal 在成為軟體公司之前，原本是一家網站設計顧問公司。企業聘請我們改造他們的網站，偶爾也會要我們從頭設計一個全新的網站。我們從 1999 年到 2005 年一直提供這樣的服務，合作過的客戶有數十個之多，從規模宏偉的大企業惠普、微軟與 Getty 圖庫，到小公司都有。

不過事情是這樣的：在我們服務過的這數十家客戶中，大部分都距離我們千里之外，我們很少專程搭飛機去當面跟對方維持關係，一切採取遠距作業。

這樣運作的結果，達成了數百萬美元的營業額。我們只是一個根據地在芝加哥的小型網頁設計公司，公司名字還取得很怪（37signals）。

我們的祕訣何在？

沒什麼祕訣，不過的確有一些小技巧。首先在提案時，要開宗明義讓潛在客戶曉得我們並不在同一個地區。你必須**打從一開始就建立起信任關係**，不要等到簽合約前一刻才突然冒出一句：「對了，我們沒辦法每週固定跟你們碰面開會，因為我們公司在芝加哥，你們公司在洛杉磯。」

　　其次，在客戶開口前就把合作過的客戶名單備妥，供新客戶打聽。一開始就該讓潛在客戶知道你無所隱瞞，因為初次合作時最難建立的就是信賴感，想辦法讓客戶不必多費力氣就能瞭解你們公司，別讓他們自己跑去問其他客戶——尤其當別的客戶也可能遠在天邊時。

　　其三，要讓他們時常看見工作進展，這是降低客戶焦慮的最好方式。你自己想想，人家花了大錢請你辦事，支付訂金後自然會開始有點緊張。所以，要讓客戶看到他們花錢得到的代價。看到你努力的成果後，就會對雙方的合作關係信心大增。

　　其四，要讓客戶隨時找得到你。由於你們無法碰面，你最好要做到回電話、電子郵件和即時訊息。雖是做生意的基本道理，但對遠距工作者來說尤其重要。說來雖然不怎麼理性，不過假如你就在附近，客戶時常會覺得，就算發生了最糟糕的情況，他們大可以走去敲你辦公室的門。他們「知道你辦公室在哪裡」。

　　遠距工作者要是一直不回電話，或是電子郵件一直「寄丟」，客戶會開始起疑心。**保持溝通管道暢通**對你只會有好處，沒有壞處。

　　最後，服務的過程中要讓客戶有參與感，讓他們覺得

這也是他們的專案。沒錯，他們聘用你是為了借助你的長才，但他們自己不缺才能啊。利用網路空間分享行事曆，讓對方掌握工作進度，請他們回饋意見，聽取對方的建議，然後指派他們一些任務（或者讓他們指派任務給你）。當對方覺得自己也參與專案的進行時，他們的焦慮與恐懼就會轉為興奮的期待。

必要時，去請教專家吧！

賦稅、會計、法務問題——天哪！

　　時常有人問：遠距工作合法嗎？答案是「合法」，不過實行起來得非常小心。勞動法錯縱複雜，別莫名擔上不該負的責任。

　　在美國，人們可以在任何地點遠距工作。在同個城市或不同城市，同一州或不同州，都不成問題。你可以有時在家工作，有時進辦公室，怎樣都行。如果你是公司經營者，有部分員工在別州遠距工作的話，得注意一些會計問題。最主要的顧慮是位於別州的遠距工作者是否會構成貴公司的「課稅連結」（這是稅法名詞，指的是在該州有應納稅的個體）。擁有課稅連結可能導致貴公司在該州得負擔額外的稅款。你最好諮詢合格的律師及會計師，確保人事安排無誤。

　　要是你有員工在國外工作的話，情況就稍微有點複雜，但還是可以克服的。基本上你有兩種方法可以雇用外國員工：首先，你可以在當地設立辦公室，或以約聘方式雇用。成立分公司既花時間又昂貴，況且你鐵定會被認定有課稅連結。要照規矩辦理，就得諮詢律師和稅務顧問（可

能又花上你一小筆錢）。假如你要在同一個國家雇用幾十個人，這件事可能無法避免。

幸好你通常不需要一下子就蓋座金門大橋，只要搭建一般的吊橋就能順利渡河。這句話的意思是，你**最好先採用約聘的方式雇用員工。**

每個國家的約聘制度都不同，要完全合法得費上不少功夫，不過大致上的原則都差不多。約聘員工必須能自主管理（公司可以用約聘方式雇用寫手、設計師、程式設計師、顧問、分析師，但個人助理可能就比較難了）。約聘人員要不是得自己設立公司，或是把自己視為具公司身份的個人，這樣才能開發票，但無法享有分公司員工的福利，包括醫療保險等。不過雇主可以在每月開的發票裡列入額外的補償。

倘若你本身是遠距工作者，想替外國公司服務，也須認知這種狀況。你必須開設個人公司，每個月將自己的「薪資」金額開發票出去。大多數國家要設立個人公司都十分便利，只要有營業登記，開發票、稅務都不難處理。不過你必須考慮要用哪種貨幣開設發票＊。大多數公司希望用

＊ 在台灣，公司行號只能開台幣發票。

當地貨幣支付報酬，這意味你必須承擔匯率波動的風險。
不過做生意就是這樣，一切都是可以談的。

　　總歸一句，居住在國外的遠距工作者是麻煩了點，雇
主也得多花點力氣。就技術上而言，不論你是老闆或是員
工，如果不請專家幫你搞定一切程序，都算是在走險路。
不過，有魄力的公司常常都甘冒風險拚事業，37signals 也
一樣。想跟全世界最傑出的人才合作，冒點風險是值得的。

　　當然了，假如你不喜歡走險路，還是可以雇用專門處
理人力資源的律師和會計師。別讓一些小麻煩嚇得你將遠
距工作拒於千里之外。長期下來的好處絕對值得。

第五章

聘請最優秀的人才，把他們留住

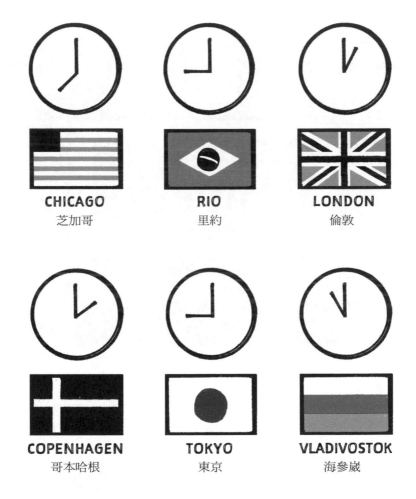

CHICAGO
芝加哥

RIO
里約

LONDON
倫敦

COPENHAGEN
哥本哈根

TOKYO
東京

VLADIVOSTOK
海參崴

放眼國際，可以找到更多優秀人才。

世界之大，放開眼界

剛認識遠距工作好處的雇主，自然不會將眼光放到本國以外的地方——尤其是身處美國等大國的雇主。你腦海裡想的一定是：假如我們能在波特蘭找到人跟位在紐約的我們合作，去倫敦找人才豈不是太麻煩？

其實不會。37signals 之所以會崛起，正因為我們的眼光夠國際化、也夠長遠。 漢森人在丹麥哥本哈根，而福萊德在芝加哥，這可不是跨州合作這麼簡單，這已經是跨洲了。這些年來我們一直延續同樣的做法，在全世界各地找當地傑出的人才為我們服務。

只要同事不坐在同一個辦公室裡，要適應遠距工作一樣有其難處。這時，不管你們人是不是在同一座城市、同一個區域、甚至是同一個國家，都無關緊要了。你只要培養起良好的遠距工作習慣，同事所在地的距離就會變得不重要，最後你根本就會忘記同事人在哪裡了。

安東其實人在泰國而非俄羅斯，不會有人注意到這其中有何差別。我們也一直記不起來傑瑞米目前到底住在哪座城市（在美國西岸的某個地方就是了），因為這根本就

不重要。

招募人才時放眼國際，不僅大大增進人才庫的選擇，也讓你更有籌碼進軍全球市場。拿軟體界來說好了，國際化能讓你留意許多小細節——比方說在美國，每週的第一天是週日，但世界上許多國家卻把週一當成一週的開始。你若是要設計數位行事曆的話，這一點就非常重要。

國際化也可以當成對客戶的賣點。網路設計公司 Carabi + Co. 的創辦人卡拉比（Alex Carabi），他本身居住與工作的地點是丹麥哥本哈根以及瑞典斯德哥爾摩，不過他刻意雇用位於世界其他地區的遠距員工，因為他認為國際化的工作團隊有助於爭取客戶。員工若來自德州、倫敦及紐西蘭奧克蘭等地，的確有助公司拓展想法與視野。

我們在前面已指出，在世界各地招募人才不是沒有其複雜難搞之處。首先，如同第三章所講的，你必須確保彼此的時區能互相配合。懂得法律與會計的枝微末節也很重要。

除此之外最重要的是，你要小心語言的障礙。採取遠距工作模式，人與人大多透過書面文字溝通。許多人在口語上勉強還能應付得來，但碰到書面文字就完蛋了。工作團隊仰賴緊密合作，實在不容許溝通出現問題。遠距工作

需要扎實的文字能力才行得通，能確實掌握自己公司主場
的語言是關鍵所在。

全世界的距離從來沒有這麼近過，市場也不曾如此開
放。別畫地自限當個文化上或地域上的井底之蛙。

PORTLAND
波特蘭
PASADENA
帕薩迪納
SEATTLE
西雅圖
DENVER
丹佛
PHOENIX
鳳凰城
KANSAS CITY
堪薩斯城
✓AUSTIN
奧斯汀

員工不管搬到哪，都可以為同一家公司服務。

人生不會止步不前

　　好人才不好找，你必須盡全力把人家留下來。這一點聽起來很像廢話，但還是有許多公司讓頂尖員工因為「人生規畫」這種理由而離職。實在蠢呆了。

　　就算一個人熱愛他的工作，他還是有許多原因必須（或者想要）離開。例如：結婚或者離婚了、受夠下雪或是酷熱的天氣、想要離家人近一點，或純粹想換個新環境。以上理由雖與工作無關，不過由於大多數公司只想把員工栓在身邊，只怕工作本身很快就會變成離職理由之一。

　　根據經驗來說，一間公司裡愈是老資格的員工，愈適合成為遠距員工。他們已經認識大家，熟悉公司的運作，也很清楚自己的職責。白白放棄他們累積的知識與良好的服務精神不僅愚蠢至極，也很浪費。不論來應徵的新人能力有多傑出，沒有人能一上任就上手，更何況這些老員工多年來在同樣的職位已經證明了自己的實力。

　　37signals 營運這麼多年來，留住想異動員工的成效十分出色。大衛從芝加哥搬到西班牙馬貝拉（Marbella），傑米斯從猶他州搬去愛達荷，克莉絲汀從芝加哥遷往波特

蘭，而傑瑞米住過波特蘭、帕薩迪納、聖地牙哥以及鳳凰城，但他從來沒離開過公司。

　　以 Jellyvision 這家公司來說，他們會開始實施遠距工作，其實是因為當初有一位優秀員工想要搬到外地去。那名員工的妻子找到夢想中的工作，因此必須搬到別州去。而他自己不想離開 Jellyvision，公司也不希望他走。直到今日，該公司大部分的遠距員工一開始都是在總部服務，即使後來決定搬離芝加哥，也很安心這樣做沒關係，因為 Jellyvision 不會讓他們因而被迫離職。

　　美國富達保險也面臨類似的狀況──一名公司很器重的員工想要暫時移居外地，從公司總部所在的奧克拉荷馬州搬去阿肯色州，陪丈夫完成大學學業。等先生畢業，她就打算搬回來。

　　能長期留住堅強的工作團隊是創造工作表現顛峰的關鍵。同事們彼此之間愈是互相熟悉，工作成果愈傑出。相較之下菜鳥團隊就是會犯下菜鳥才會惹出來的錯誤。

　　請記住，與傑出夥伴攜手完成了不起的工作，是人們最可靠的滿足感來源。請你堅持這麼做。

同事間的愉快氣氛還是很重要。

保持愉快的工作氣氛

　　你很容易以為，由於自己不必每天坐在同事旁邊，聘
請員工時便能忽略諸多人際互動因素，只需要找一名工作
速度飛快、能力驚人的超級員工，對吧？錯了，大錯特錯。

　　正因為要克服距離的隔閡，聘請遠距員工時，人際互
動顯得更為重要。由於你們之間絕大部分的溝通都透過電
子郵件之類的工具，除非彼此努力維繫，不然很容易產生
不好的情緒。原本一個眼神就可以化解的小小誤解，或是
轉眼之間掀起軒然大波的講話語氣，正是遠距工作的主要
挑戰之一：讓大家維持健康愉快的工作展望。如果工作團
隊裡充滿了克制不住自己脾氣、不時發作的人，這幾乎是
不可能的任務。

　　即使大家都懷抱著善意，只要工作壓力一大（哪個工
作不是這樣），同事彼此之間的關係就可能出問題。最好
的辦法就是，在工作團隊裡召集愈多心態樂觀的人愈好。
我們說的是那些竭盡自己所能，不讓別人感到不愉快的
人。

　　別忘了，情緒是會感染的，不管是好情緒或壞情緒。

正因如此，你必須時時觀測工作氣氛，這一點跟慎選員工一樣重要。只要有害群之馬存在，就很容易搞壞大家的情緒，這在遠距工作的環境裡後果尤其不堪設想。

你如果是主管，而底下員工遠在天邊的話，你幾乎不可能從他們眼神看出哪裡不對勁，這就糟糕了。碰到歇斯底里的情緒化反應時，採取「破窗理論」*的處置原則是有道理的。

這是什麼意思呢？這就跟紐約於 1990 年代雷厲風行取締拿石頭丟窗戶或搭車逃票等違規行為一樣，一般人或許以為無傷大雅，管理遠距工作者則必須殺雞儆猴。不管事情看起來多麼微不足道，就算只是講話衝了點，或者回應時採取被動攻擊的態度，你都應該要有所處置。雖然這是管理者應該承擔的責任，團隊裡每個人若能自律的話，成效會更佳。

有時候實際執行才是最重要的。網路會計服務業者 FreeAgent 的經驗是這樣的：「要透過電子郵件或

---

* 譯註：此理論認為，如果放任環境中的不良現象存在，會誘使人們仿做，甚至變本加厲。就像有個房子的窗戶破了，久久沒有修補，將可能出現更多破窗戶，最終甚至闖入屋內。因此破窗理論強調，應該以「零容忍」的態度面對罪行。

Basecamp 達成深度廣泛的討論，不是很容易上手。要學會調適自己傳送訊息的語氣有其難度，你很容易搞錯講話的語氣，尤其你可能根本不怎麼認識這個人，有一陣子我們常碰到這樣的問題。」

俗話說得沒錯：混蛋給我滾開。但對遠距工作，甚至連混蛋行為都不准，也不允許情緒化反應和惡劣氣氛的存在。

遠距工作者可不是從日出幹到日落的機器人。

遠距員工也是人

　　我們一直強調工作成果才重要，很容易忽略其實工作還是人在做的。想要有最棒的工作成果，並非找一群能從日出幹到日落、什麼事都不想的忍者機器人就行了。不管是聰明的解決方案、友善的服務或搶眼的設計，都來自專業技能與人生經驗的交融。

　　雖然有許多方法可以避免，但遠距工作的確可能令人們的生活變得狹隘。遠距工作跟在大企業的園區服務天差地遠；比方來說，企業園區會有健身房、餐廳，甚至有人幫你清洗衣物（這在矽谷很常見），甚至週五還有暢飲時段。尋找多樣化工作經驗的工作者看到這些福利，可能就認定這是夢想中的工作了。

　　這對管理遠距工作團隊的主管來說是一大挑戰。他必須確保手下的人也能有如此豐富多樣的生活體驗。主管的職責一開始是要招兵買馬，但員工都是人，很自然會有工作以外的興趣，因此他的職責包括要鼓勵員工去發展工作以外的興趣。

　　37signals 積極贊助這樣的活動。過去兩年來，我們送

給員工的年終贈禮是各式各樣精選的特色旅遊行程，比方說去巴黎上廚藝課程，或是全家一起同遊迪士尼樂園。這些行程的目的，都是為了促進員工與親友留下值得回憶的體驗，讓他們遊歷新的地方，開發新的技能。

我們也會贊助員工發展多種興趣，並確保他們有時間從事相關的活動。包括：自由車賽車、木雕、登山健行、賽車運動、以及園藝等等。沒錯，在辦公室工作的人也會有興趣嗜好，但很少公司會讓員工有時間去從事這些活動，更別說提供金錢補助了。

多采多姿的文化才能激發靈感與創意。你在招募遠距工作者時，必須花更多心力鼓勵他們追求個人成長，培養多樣化的發展。為了讓員工願意長期為公司效力，打造出有趣職場的代價其實不算什麼。

面試時，別耍花招了！

別耍把戲

　　負責招募人才的主管都有過這樣的夢想。要是能讓所有來應徵的人回答一個謎題或機智問答，就能看出他們的聰明才智，那就無需費力氣審閱他們過去的工作表現，也不用藉專案來測試對方的能力了。

　　1990 年代的微軟就很擅長這一招，他們會以各種謎題和把戲來考應徵者，藉此分辨人才的優劣。《如何移動富士山？》（How Would You Move Mount Fuji?）這本書就是在宣揚這種招式，書的副標叫做「微軟的解謎文化──全世界最聰明的公司如何挑選最具創意思考的人才」。

　　想用這種方法找出最棒的人才，簡直是無稽之談。擅長解開空想謎題的人與適合你們公司的人，彼此之間的關聯性薄弱，就算你要找的是工程師也一樣。雖然可能偶爾有對上的人，但大部分可能都找錯人了。

　　有些公司會測試應徵者的人格特質，比方說像 Caliper 公司還有邏輯能力測驗。不過這種測驗所測出來的，都是你當面見到對方就能觀察出來的特質。（你該不會以為不用親自碰面就能找到人才吧？請見第 177 頁〈親自碰面〉

一節。）

　　以上提到的這些把戲，都是評估一名應徵者較間接的方法——說不定直接看他們大學成績單還比較準。對大部分遠距工作而言，這種間接評估方法完全沒有必要。

　　相反的，你可以要文案人員寫文案給你看，請顧問讓你看實際的報告或成果，要程式設計師拿出程式碼來，讓設計師秀出作品集，要行銷人員示範活動方案，諸如此類。

　　這個環節對招募各種員工都很重要，在聘請遠距工作者時，尤其重要。因為你們日後主要的溝通管道就是工作本身。要是品質不夠好，對方一開始工作就顯露無遺——你若因為其他不相干的理由雇用這個人，只是在浪費大家的時間。

　　對很自然會有作品集的職位——像是設計、程式設計或是文案——來說，要求看對方的工作產出很簡單。要是碰到很難累積作品的職位，你可以提出真實狀況下會碰到的問題，要求應徵者回答。

　　舉例來說，我們在招募新進的客戶支援人員時，他們都必須回答下列其中一個問題：

- 新版 Basecamp 有時間管理功能嗎？
- 新版 Basecamp 除了英文，有推出其他語言版本嗎？
- 我對貴公司產品很有興趣，卻不曉得哪一種適合我。Highrise 與 Basecamp 的差別在哪裡？
- 我是 Basecamp Classic 的老客戶，現在看到你們推出新版本，新舊版本有什麼不一樣，我需要換嗎？

　　這些都是顧客實際上會問的問題，客服人員會一直面對顧客這樣的發問。應徵者在應徵之前可能沒辦法一下子想出這些問題的答案，但這些問題其實都不難，只要稍微研究過我們的產品就回答得出來。

　　當你從上百個城市收到形形色色的履歷時，你需要根基於真實世界、真實工作的篩選機制。要是看到搶眼的履歷，就訂機票請對方過來當面談。

　　只有工作本身才重要，其他花俏的東西就算了吧。

繁榮的代價

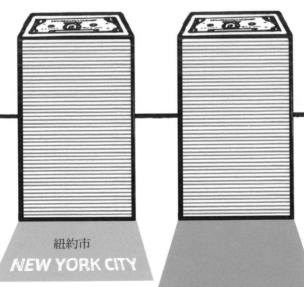

紐約市
NEW YORK CITY

堪薩斯市
KANSAS CITY

用紐約州的薪資水準可以在堪薩斯州找到更棒的人才。

成功發展的代價

老闆想節省薪資支出時，常常把腦筋動到去生活費較低的地方招募員工。對某些微利的產業來說或許可行，但對大部分知識產業的公司來說，這並非遠距工作的王道。

你不能以為「我可以付比紐約州員工較少的薪資給堪薩斯州的員工」；你應該要想，「假如我付他們紐約州水準的薪資，就能從堪薩斯州找到更棒的人才，還能讓他們覺得自己受到重用」，這樣想才對。

假如你的工作團隊全都位於人才聚集的熱門地區，而你付給他們符合市場行情的薪資，那麼你就等著不斷被挖角吧。在平等的競爭環境下，挖角公司肯出較高的薪水，一般人自然會想要換工作。

現在你自己衡量一下。你可以從田納西州費耶特維爾（Fayetteville）請來王牌客服人員，從愛達荷州考威爾（Caldwell）聘到明星程式設計師，或是從奧克拉荷馬州愛德蒙（Edmond）找到設計天才，然後以大城市水準的薪水聘用人家。這麼一來，你的員工就很難在自己居住地的公司找到更好的薪資條件了（因為當地公司通常只肯付

符合當地水準的薪水）。

　　事實上，我們的確是這樣聘到員工的。按進公司的順序：克萊蒙斯（Chase Clemons）進公司兩年；巴克（Jamis Buck）進公司七年；金達斯（Zimdars）則有四年。在某些產業這樣的年資聽起來或許不長，但在科技業這相當於一輩子了。

　　當前實行遠距工作模式的公司還不算多（當然了，本書之所以存在，正是因為愈來愈多公司採行遠距工作），不管員工居住地區在哪裡，一律同工同酬的更少。能做到這一點的公司，其實享有很不公平的優勢，因為全世界最好的人才都跑到他們公司去了。所以千萬別把遠距工作當成薪水小氣的理由，你在其他方面能省下更多。你的頭號設計師雖然住得偏遠，但他對整個工作團隊來說，跟住在大都市居家工作的設計師具同等價值（甚至還更高）。你要讓員工感受到才行。

　　基於同樣的理由，身為遠距工作者，你不應該讓老闆只因為你生活的城市花費較低，就付你比較低的薪水。「同工同酬」雖是老掉牙的口號，但大家這樣喊是有道理的。假如你接受老闆付給你次等員工的薪資，等於打開了方便之門，讓雇主對你為所欲為。

Great ~~REMOTE~~ WORKER

最佳 遠距 工作者

遠距工作者既聰明、
又能完成任務。

好的遠距工作者就是好的工作者

　　遠距工作者想打混摸魚並不簡單。由於辦公室裡閒聊的機會減少了，自然比較會專注在工作上。此外，像Basecamp這類追蹤任務及回報進度的集中式網路資料庫軟體，會留下無法抵賴的紀錄，一眼就能看出來誰真的有在做事、花了多少時間。

　　這讓生產力高但沉默的員工可以得到應有的認可，因為他們在傳統的辦公室環境常居於弱勢。在遠距工作的環境下，你不需要時時吹捧自己的能力有多好，只要有眼睛的人都看得到。同樣的，假如你只是滿口大話卻毫無實績，大家也全都看在眼裡──那就尷尬了。

　　遠距工作會掀開這層面紗，揭露不常被看到或發現的真相：好的遠距工作者就是好的工作者。一如周思博（Joel Spolsky）在其著作《軟體人員面試教戰守則》（*Guerrilla Guide to Interviewing*）*中所言，遠距工作者有兩種主要的特質：聰明，能完成任務。

---

* http://www.joelonsoftware.com/articles/GuerrillaInterviewing3.html

一旦公開工作成果，就比較容易看出誰是真正有頭腦（而非說得一口好文章）。結果不言可諭，大家心中自有評判。相反的，假如工作成果一直被質疑有問題，顯然負責這份工作的人不夠聰明。此外，假如從分派新工作或任務到實際完成，時間一直都拉得太長，就表示「能完成任務」這一點也做不到。

假如你每天都會在辦公室見到同事，較容易對這些缺失視而不見。尤其當這個同事大致上是個好相處的人的話。我們腦子通常是這樣運作的：

朝九晚五上班＋好人＝一定是好員工。

當然，能力達不到工作要求或是表現不佳的人，終究會行跡敗露的。除非事態過於嚴重，很少人會打同事的小報告。一般來說，你很容易碰到每天準時上下班、態度良好，卻不符合優良員工標準的人。

遠距工作可以加速淘汰不適任的人，讓稱職的人留下來。*

---

* "Who" before "what" from Jim Collins's "Good to Great": http://www.jimcollins.com/article_topics/articles/good-to-great.html

寫作能力很重要

　　身為遠距工作者，良好的寫作能力是必要的條件。由於大多數工作上的討論都得透過電子郵件、聊天室或討論區來解決，你最好具備足夠的能力再上場。你若擔任公司老闆或主管，最好在找人時，就篩選對方的寫作能力。

　　這表示，你得從應徵人選的「求職信」來評斷。沒錯，履歷裡可能洋洋灑灑列出求職者的各種豐功偉業，別傻了，那通常都經過修飾，看不出應徵者對公司能帶來什麼貢獻。

　　真正有意義的第一道關卡其實就是求職信，因為上頭會寫應徵者為什麼認為自己適合你的公司。關於這一點，想避重就輕都沒辦法：要招募遠距工作職位時，主管不能心軟，一定要刷掉寫作能力不佳的應徵者。

　　應徵者要是知道現在的人事主管有多狠的話，一定會被嚇到。我們曾經開出職缺，吸引了一百五十人前來應徵。你猜我們花了多少時間來篩選呢？每份履歷不到三十秒，有時甚至連十秒都不用。

　　主管必須篩檢一百五十份履歷，留下十到十五位複

優秀的寫作能力

★ ON ★
WRITING
★ WELL ★

精進寫作能力有助於遠距溝通。

檢，他們也只能這樣做了。而決定生死的關鍵就在跟履歷表一起附上的求職信。

　　不過感謝老天爺，寫作能力是可以改善的。很少有人生就擅長舞文弄墨；大部分擅於寫作的人都是透過不斷練習和學習來磨練文筆的。你不必成為大文豪海明威或馬克・吐溫，只需認真寫就行了。

　　你應該要大量閱讀，學習優秀的作者怎樣傳達意念。文字首重清晰，風格其次。以下列出幾本參考書，你真的想精進寫作能力就從這裡開始吧：

1. 《論優良寫作》（*On Writing Well*）／金瑟（William Zinsser）著
2. 《風格的要素》（*The Elements of Style*）／史壯克（William Strunk）與懷特（E. B. White）著
3. 《修改散文》（*Revising Prose by Richard Lanham*）／蘭亨（Richard Lanham）著

　　是否有缺乏良好的寫作技巧，仍然混得下去的遠距工作者？當然有。假如你的工作真的不需要大量與他人合作或是來回溝通，具備普通的寫作能力就行了。還是有適合

求職信是檢視寫作能力的重要線索。

自己一個人算數字，或透過電話緊迫推銷產品的職務。

　　這樣的工作若能搭配優良的寫作技巧，當然更好，不過在這種狀況下，就算是次要條件了。

專案測試

不論是在辦公室工作或遠距工作，我們都應該以工作表現，而非其履歷表來評斷一個人。

許多公司都憑過去的工作經驗來評斷一個人。我們有時也會這樣。可是過去的工作表現其實難以評斷，真正完成工作是誰？是獨立作業，還是團隊合作？工作條件有何限制？該項工作完成時間是否拖得太長？諸如此類的細節。

我們發現，準確評估工作能力的最好方法，是花錢請對方做一點小專案，視結果再決定要不要正式聘請對方來負責更多工作。不如就稱之為「**預先雇用**」吧。通常是為期一至二週的迷你專案，我們一般會付給對方約一千五百美元，我們從來不會叫求職者做白工。假如我們自己不願意接受無償工作的話，為什麼要逼別人接受呢？

假如應徵者目前待業中，可以給他們一週的時間。在職者可以有兩週時間，因為他們通常得在晚上或週末騰出時間來做這個迷你專案。

專案內容要視他們應徵的職務而定。我們會要求設計

師重新設計我們網站的某個畫面或者某件產品，或要求程
式設計師在一週內寫出小型應用程式。假如你要聘請的是
文案人員，就要他們寫點東西來瞧瞧。

　　不論專案內容是什麼，要有意義才行。要他們創造出
能解決問題的新東西來。不要叫人家解謎題，我們不來
這招。解決實際的問題有意思多了——也比較容易瞭解對
方。

親自碰面

現在我們已經瞭解遠距工作是怎麼一回事，但遠距招募又要怎麼做？雇用遠距員工的流程和本地員工一樣嗎？

假設你考慮雇用的人已經達到你所設定的基本技巧與能力，下一步就是要評估求職者和你們公司合不合得來。雖然對方日後會採行遠距工作，但在做出聘雇決定前，親自見上一面，還是有助於了解對方大致是怎樣的一個人，是否有禮？是否準時出席？為人正派嗎？如何待人處事？團隊其他成員對他的評價如何？親自見上一面你就能瞭解許多事情。

我們通常會把應徵者的範圍縮小，直到剩下兩、三位候選人，再出錢請應徵者找一天飛過來。我們既然已經滿意他們的能力（不然他們不會留到最後階段），親自見上一面能幫我們決定自己喜不喜歡他這個人。

這種非正式的會面不會很拘束，通常是一起共進午餐。由於我們公司大部分團隊成員都在芝加哥，我們通常會讓應徵者跟他未來的部門同事一起用餐，而不是團隊主管。由於應徵者將來要跟這些同事長時間合作，互動的機

把可能雇用的人選請來碰面吧。

WELCOME

會比主管多，所以整個團隊喜歡這個人比較重要。

　　候選人吃完午餐後，才會跟主管坐下來談，然後邀請他在辦公室待上一天。他要工作或觀察環境都可以，隨便他。我們希望對方也評估是否喜歡跟我們相處，了解彼此相處起來的感覺。

　　候選人離開後，我們會跟帶他出去共進午餐的團隊成員坐下來談談。他好相處嗎？你想跟這個人共事嗎？他對餐廳服務生的態度如何？是否維持基本的尊重？他是否能融入 37signals？這個階段的決定權其實在同僚身上。

　　假如部門成員和親自面談候選人的主管分處不同城市，你必須透過其他方法達到同樣的效果。可以運用視訊聊天系統讓團隊成員在線上會面，像 Google Hangouts 這樣的軟體此時就派上用場。雖然不如親自見面來得理想，也足夠了。

　　最後，我們會根據候選人的**才能**與**個性**做出決定。假如我們邀請應徵者成為公司的一份子，他也願意與我們共事，我們會在線上先說定，前幾週請他先進辦公室上班，才能更加適應工作團隊、公司文化、認清楚大家的長相和名字。一旦適應這份工作，就可以回去家中工作，但他會清楚認識這家公司每個人，以及我們工作的方式。

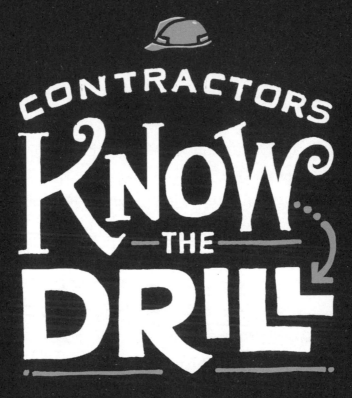

CONTRACTORS
KNOW
THE
DRILL

約聘人員知道訣竅

從約聘人員過渡到遠距工作人員。

約聘人員上手快

遠距工作理想的訓練計畫，應該是先當約聘人員一陣子。約聘人員必須定下合理的工作計畫，定期繳出合理進度，把模糊抽象的工作內容變成能端上檯面的成品。這些能力同樣適用於遠距工作。

短期契約工作對要招募人才的公司及受雇者來說，都是嘗試遠距工作、日後無縫接軌的好辦法。雙方都在測試對方。約聘工作吸引人的地方在於，假如這個公司很不上道，你以後不必繼續跟對方合作下去，合約到期便可以毫無牽掛地另謀高就。不過我們聽過太多約聘人員抱怨雇主的例子，不難想像他們若是碰到靈光的雇主，應該會樂得繼續效力吧。

約聘人員有很多機會接觸到不同公司的缺點，因此碰到真正懂得遠距工作的公司時，也會覺得心有戚戚焉。由於這樣的工作需要互相信任和優良的工作實務，約聘人員若碰到能接受遠距工作的公司，大致上可以放心對方是一家好公司。

第六章

打造遠距工作文化

採行遠距工作的好時機

　　假如我現在要成立一家新公司，應該立刻採取遠距工作模式嗎？如果我已經成立公司一陣子了，又該怎麼做？如何在公司文化已成熟的狀態下，開始採納遠距工作者？

　　大致上來說，**愈早開始實施遠距工作愈好**。企業文化是與時俱進的，如果企業文化的發展有遠距工作者參與，會容易許多。你不妨想想那些在電腦時代來臨後出生的小孩子，他們真的很懂電腦，根本是玩電腦長大的。再回頭看看自己的父母，他們用起電腦總是笨手笨腳的，因為電腦在他們人生中出現的時間很晚。公司也是一樣，要實施

前頁圖說

新創公司任務
- ☑ 申請成為有限責任合資公司（LLC）
- ☑ 遠距工作
- ☐ 設計公司 LOGO
- ☐ 架設網站
- ☐ 訂定願景
- ☐ 進行第一項專案

遠距辦公就趁早。

　　話雖然這麼說，假使你的公司已經很有制度，還是可以隨時將遠距工作者加入員工陣容裡。雖然磨合起來沒那麼容易，不過就像許多值得做的事情一樣，你需要專心致志，鍛練紀律，最重要的是，要有一切都會成功的信念。

　　你可以先允許現有員工開始採行遠距工作，不需要從外地聘請新人來測試這樣的工作模式。先提出這個方案供幾位最傑出的員工考慮，假如他們願意，可以每週在家上班幾天。我們敢打賭，一定至少有幾個人願意接受這個提議。

　　假如你把遠距工作視為低風險的實驗，就能反覆調整，嘗試不同做法，看看怎麼做成效最好。你可能得讓不同部門的人嘗試遠距工作方案。或許你會發現，某類型的職務很適合遠距工作，某類型的工作還是留在辦公室裡執行較好。不試試看你怎麼知道。

　　所以就儘早行動吧，至少先從小範圍開始嘗試。先從你信任的少數員工小規模測試，讓他們每週離開辦公室遠距工作幾天，看看成效如何。這樣做的風險很低，你很快就能知道遠距工作是否奏效。

別再管雞毛蒜皮的事

　　假如主管的工作內容就是管理員工的座位，這份工作未免太簡單了。確認手下的工蜂每天早上九點報到，要是他們待到六點以後才走，就在考核表上加顆小星星——一直以來，許多公司的管理就是這麼運作的。這種衡量生產力的標準也太瞎了，這麼多年來居然還能完成工作，靠的其實是工蜂堅忍不拔的意志力。

　　遠距工作使得這種管理風格徹底站不住腳。「要是我沒辦法看到員工什麼時候進辦公室、什麼時候離開，我怎樣知道他們到底有沒有在工作？」嚴格管理座位的主管一派天真地想。一邊繼續想、還一邊問自己，「我在公司要扮演怎樣的管理角色？難道不是確保員工都有在工作嗎？」

　　親愛的華生，答案實在太簡單了。主管的職責不是管貓咪別亂跑，而是領導統馭，以及嚴實工作成效。這份職位的難處在於，你必須懂得各職務本身的工作內容。假如你不懂底下員工的工作眉角，就沒辦法好好管理團隊。

　　這並不代表每一位程式設計主管都必須會寫程式（雖

STOP
MANAGING
the CHAIRS

別再管理椅子

別再管員工有沒有乖乖坐在椅子上辦公了。

然這樣的確有幫助），也不代表每一位設計總監都要負責每個畫面的設計（如果可以，當然同樣有幫助）。我們想表達的是，主管應該要懂得該做什麼事，瞭解工作進度為什麼會拖延，想辦法解決棘手的問題，得宜地分配工作量，達到適才適所的目標。諸如此類大大小小的事情，總之要確保工作順利進行，將干擾與障礙減到最低。

可以確定的是，有頭緒的主管不需要管芝麻綠豆大的小事。員工何時工作、在哪裡工作，多半無關緊要。不論文案是在倫敦寫出來、程式碼在西班牙的馬貝拉開發，或者設計稿是在奧克拉荷馬洲的愛德蒙完成，都跟文案是否精彩、程式碼是否正確、或設計是否恰當無關。

偶爾走出家門跟同事聚聚吧！

定期聚會

　　沒有固定的辦公室，同事不一定都在辦公室裡工作，並不代表遠距工作者不能偶爾聚一聚。事實上，這是很重要的。

　　37signals 的所有員工，每年至少兩次齊聚一堂，為期四、五天。一方面要討論公事、展示最新產品、決定公司未來的發展方向等等；更重要的是，要讓大家把真實的臉跟電腦螢幕上的名字連結在一塊兒，而且不能太久才辦一次，否則我們會忘記彼此私底下真實的模樣。

　　事實上，遠距工作的合作對象若是你在「真實生活」中曾經一起吃過飯、聊過天的人，進行起來會比較容易。聚會尤其是介紹新人給工作團隊認識的重要場合。37signals 芝加哥辦公室落成後，我們就開始在這裡舉辦聚會，以往也曾在其他地方舉辦過。比方說，威斯康辛州的科勒（Kohler）、加州聖地牙哥，還有緬因州的約克港。

　　總部位於蘇格蘭愛丁堡的 FreeAgent，充分利用每年夏天舉辦、全世界規模最大的愛丁堡藝術節，把所有員工齊聚一堂。 FreeAgent 旗下十一名遠距員工趁此機會與

三十九名住在愛丁堡的同事相見歡。經營影像資料庫的
Fotolia 公司擁有八十名員工，半數是分佈在二十二個國家
的遠距員工。他們最近一次聚會把所有人拉到摩洛哥的馬
拉喀什（Marrakech），這才叫有國際觀嘛！

　　和全公司上下的聚會同等重要的是，偶爾和規模比較
小的團隊一起衝刺完成專案，也是不錯的點子。如果公司
非得在極短時間內趕出東西，若能一群人一起瘋狂加班、
承受奇大無比的壓力也不賴。

　　我們在推出新產品或搞定某個棘手的軟體功能時，曾
經這樣做過；有時甚至只是因為大家珍惜互動的機會。

　　參加業界會議也是凝聚團隊精神的大好良機。你們會
一起學到新知識，晚上通常有時間可以聯絡感情。

　　大多數時間都採取遠距工作，不代表你必須或應該一
直遠距工作。偶爾走出家門跟同事好好聚聚吧。

自由軟體教我們的事

想加入遠距工作的工作者及管理者，可以好好學習開放原始碼的自由軟體運動，在過去幾十年中如何扳倒那些商業巨擘。這是世上少見的非同步合作與溝通的成功案例。

表面上聽起來這根本像是不可能的任務。打造複雜的軟體本身已經夠困難了，把其他麻煩的事情簡化，似乎是比較謹慎的做法。我們所謂麻煩的事情，例如管理遍佈全球數千名員工，有些甚至時區無法互相配合（這可能是協同合作最大的挑戰）。

不過，就跟許多人們自以為是的觀念一樣，這樣想也是錯的。Linux 作業系統、MySQL 資料庫、PHP 語言和 Ruby on Rails，這些開放原始碼的自由軟體朝微軟和甲骨文等商業競爭對手臉上，打了好大一巴掌。

跟一般商業或消費性套裝軟體相較，自由軟體複雜了好幾百倍，製造過程也需要投入更多人力。假如有人可以採用遠距工作開發出世界級的作業系統、資料庫、程式語言及網站架構，你最好仔細觀察這是怎樣辦到的。

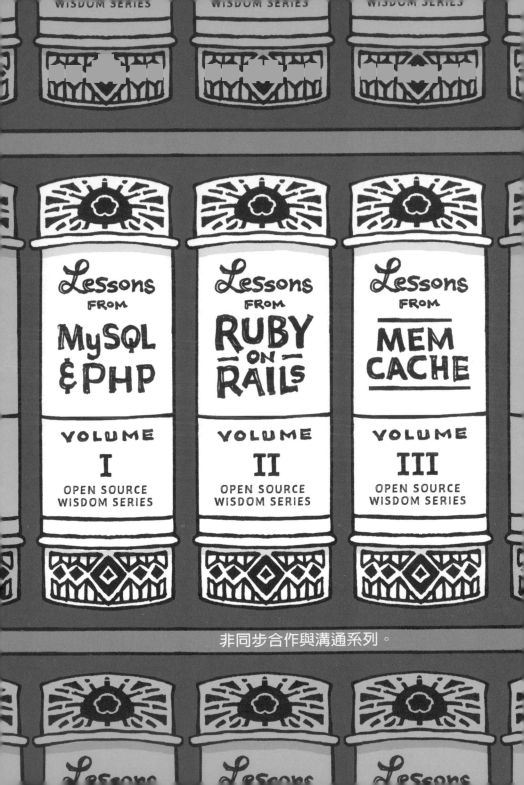

非同步合作與溝通系列。

比方說，觀察 37signals 所開發的 Ruby on Rails 網站架構，我們讓這個程式碼持續發展超過十年之久，期間一直增加新的功能並改善程式碼品質。歷年來在這套程式碼上貢獻一己之力的，有來自十多個國家、上百個城市將近三千人——絕大部分彼此都未曾謀面！通常軟體開發碰到這樣的局面會變成：舊程式碼＋許多新功能＋許多新開發者＝一團亂！

然而我們辦到了！說辦到還太謙虛，其成功遠超乎我們的期待與想像。這項成就背後的主要原因正如我們在本書的諸多建議一樣，還是來回顧一下吧。

- **內在動機**：參與開放原始碼軟體開發的程式設計師，

前頁圖說

MySQL&PHP 經驗	Ruby on Rails 經驗	MEMCACHE 經驗
開放原始碼系列	開放原始碼系列	開放原始碼系列
第一冊	第二冊	第三冊

通常是為了興趣加入開發的行列，非關報酬。做這件
事多半能獲利，但鮮少成為他們參與的動機。講明白
點：假如棘手的工作能激發你個人的興趣，全心投入
其中，你便不需要主管時時監督工作狀況，或在一旁
下指導棋。

- **一切公開**：許多開放原始碼專案都是透過郵寄名單或
  GitHub 這樣的程式碼追蹤管理系統進行協調。有興
  趣幫忙的人都能參與，因為所有資訊都是公開的。你
  可以自由選擇加入，擁有豐沛專業知識的人都能輕鬆
  上手。

- **偶爾必須碰面**：大部分成功的開放原始碼開發案，最
  後都會成長到足以支撐起自行舉辦會議，或至少在大
  會議中擁有單獨場次的規模。這種聚會可以讓參與程
  式開發的人有機會當面互動，作用很像公司裡的聚會
  和專案衝刺。這並非必要的，有的話也很棒。

假使你對遠距工作產生疑慮或碰到阻礙時，不妨這樣
想「至少你不必為了一個專案追蹤遍佈全球各地的三千名
團隊成員進度」。你馬上就會覺得自己所面對的問題實在
不足掛齒了。

打造公平的工作環境

假如你把遠距工作者當成公司裡的次等公民，就有得瞧了。遠距工作者的比例跟辦公室工作者相較愈低，這種情況愈容易發生。這種現象職場中常常出現，不正面處理，是不會自動消失的。

要讓人家感覺自己像次等員工很簡單。比方說，會議室裡聚集了一群辦公室員工，通話系統的品質卻很糟糕，遠距員工根本聽不清楚大家在說什麼，更別說要參與其中了。更討厭的是，每次同事爭辯到最後都變成：「我咋天和約翰在辦公室討論過這件事了，我們覺得你的點子行不通。」真是惡劣透頂！

身為公司老闆或主管，你必須打造出公平的工作環境，讓所有員工處於平等地位。這件事情說來容易、做起來難，不過有個做法比較容易辦到，那就是**讓一些高層員工採取遠距工作模式**。有決策能力的人需要跟被欺壓的員工一樣，感受到這個問題造成的傷害。

紐約市地鐵在 1990 年代飽受犯罪與破壞所苦，當時的紐約市警察局長布萊頓（william Bratton）便要求手下

別讓遠距工作者成為次等公民。

LOCAL

辦公室工作

REMOTE

遠距工作

的大隊長親自搭乘地下鐵。當這些人親眼看到情況有多遭糕時，很快便著手改善。

這並不表示經理人得搬到別的城市去感受遠距員工的劣勢，只要每週在家工作幾天便行了。他們至少能體驗到遠距工作者的些微感受。更棒的是，要經理們「偶爾」在家工作，等於實際上執行遠距工作。

舉例來說，總部在密西根州的辦公家具、設備及居家家具商 Herman Miller 聘請位於芝加哥的設計團隊主管赫絲（Betty Hase），她的頂頭上司人在紐約，而赫絲轄下管理的十名員工則遍佈全美各地。

要打造出公平工作環境的機制十分簡單：好好架設內部通話系統，運用 WebEx 之類的桌面共享程式，確保協同合作時，大家能看到同樣的東西，還要透過電子郵件或其他網路通訊平台多多溝通討論。最重要的是，時時提醒自己，要是你身為遠距工作者的話，會怎麼想。

記得打電話跟遠距工作者聊聊。

一對一接觸

　　雖然我們主張管理者應時常與「所有」員工接觸，不過對遠距工作者可能要更頻繁接觸比較好（畢竟辦公室裡的同事隨時都會碰到面）。37signals 雖沒有固定的時程，我們至少每幾個月都會拿起電話，跟每一位遠距員工聊一聊。理想的狀況應該每個月都要這樣做，不過隔一兩個月聯絡一次的效果，到目前為止還不錯。

　　我們把這樣的定期聯絡叫做「一對一接觸」，有的公司則稱做「探訪」或「定期晤談」。重點在於要以輕鬆的態度與他們聯絡，應該像「嗨，最近還好吧」的電話訪談，而不是針對特定專案批評或回應某件工作。這樣的聊天時間一般約二十至三十分鐘，最好空出一小時的時段，比較保險。要是聊得正起勁，你也不想草草結束吧。

　　這種一對一接觸的目的，其實是要維持固定溝通管道的暢通。打幾通電話就能避免因疏於處理而不斷累積的各種問題及顧慮。工作士氣與動力都是很脆弱的東西，你必須時時掌握遠距工作團隊的脈動。等上一年半載再進行正式考核就來不及了。

　　此外，正式的年度考核通常包含長期目標、薪資調整、升遷考量等等，範圍實在太大了，沒辦法發現一些小問題。真正有危險的，反而是一些在每次年度晤談之間悄悄浮現的小事。

　　一對一接觸最棒的是，雖然對方可能遠在數千哩外，但打電話大家都會，只要打過去聊聊就行了，試試看能聊出什麼來。你第一次進行一對一接觸所發現的東西，包準讓你大吃一驚。

移除障礙

　　想要遠距完成工作，首先必須時時趕上進度。倘若必須提心吊膽地耗上三小時等待上司允許，或是希望同事早點起床，告訴你某件事該怎麼做，這些做法在遠距工作的世界是行不通的。

　　要是你和所有同事每天朝九晚五同處在一間辦公室，是不大會注意到這些障礙的。如果傑夫就坐在你對面，誰在乎只有他會使用新版本的軟體，你只消開口問就行了；也不會有人在乎每一筆退款都要經過傑森授權才能核發。幫助遠距工作者脫離困境的最好方法，就是將這些障礙全數排除。

　　首先，授權所有人都能自主做決定。要是公司裡充滿了未經層層覆核，就不能放手做決定的員工，那麼這家公司或許全部請錯人了。

　　不過說真的，這種情況的確很少見。實際情況常常是，員工害怕做決定，因為他們工作的環境裡充斥著咎責與怪罪的氣氛。這種工作風氣非常不適合遠距工作。身為管理者，你必須接受人人都會犯錯的事實，他們並非故意犯錯，

移除讓員工自主決策的各種障礙。

那是學習和自立所必須付出的代價。

其次，你必須確保所有遠距員工都能取得工作上所需的事物。大多數公司的政策恰好相反：所有人都依其必要性，才能取得資訊，而且必須提出申請。真的完全沒必要這樣做。除非你是在軍中服務，或少數處理極機密資訊的單位，否則設下重重關卡只會讓工作窒礙難行。

部分原因在於，管理者有時會以難搞自豪。事事都得請示，甚至討好他們，賦予他們某種變態的滿足感。千萬別低估這種症狀的威力。

我們最好認清，有些人就是喜歡大小事情一把抓，不管這有沒有道理。一旦你清楚管理者有這種傾向，才能將意圖取得許可和掌控的繁文縟節，換成替企業及客戶創造價值的實質工作。

我們在 37signals 開發出一些去除障礙的方法。首先，每個人都會取得一張公司發的信用卡，我們授權員工「酌情使用」。他們不需要跟公司請購工作所需的器材，也不必填寫請款報帳單（稽核時把所有收據寄到公司內部專用的電子郵件信箱就可以了）。

此外，37signals 的員工想去度假不需經過公司允許，也不必表明他們想放幾天假。我們只告訴員工：別太過分

就是了，把度假日期寫在共用行事曆上，並跟同事協調
好。只要你願意信任員工，他們就能符合你對通情達理以
及負責任的高度期待。

注意！別超時工作

　　如果你看過媒體上針對遠距工作失敗案例的報導，你可能會覺得讓員工自由所導致的最大風險，是他們會變成懶散、沒有生產力的混仙。事實上，在成功的遠距工作環境中，最可怕的敵人是工作過度而非怠惰。

　　這種狀況在遠距員工跨越多個時區、全天候都有人上工時，尤其明顯。在傳統的辦公室環境中，人們可能下班後會多待上幾個小時，不過他們遲早會回家的。對遠距工作者而言，下班的界線有時候會變得比較模糊。如果你從洛杉磯到莫斯科都有同事，你很有可能幾乎一天二十四小時都在工作，線上隨時有人可以跟你協同合作。

　　就算你和同事位處同一個時區，還是可能出問題。因為你的工作地點在家裡，生活和工作的分界會變得難以區分。你所有的工作檔案和設備就在手邊，要是你晚上九點想到了一個點子，可能就會繼續工作下去，雖然你從上午七點到下午三點這段期間都在工作。

　　事實上，你很容易將工作變成你最主要的嗜好。嗯，另一半晚上要去跟朋友碰面是吧？不如趁機趕完這個專

JAMIE

HOURS / WEEK
工時／週

注意！別超時工作。

DAY OFF
休假

VACATION
度假

案。這週六會下雨?不如把週四電話會議要用的報告先做完吧。

這聽起來像是所有老闆的夢想:員工拚命加班卻不用付加班費!才不是這樣呢。假如工作佔據太多精力與時間,員工很可能會因此垮掉。就算員工熱愛工作也一樣。或許正因為他熱愛自己的工作,才特別容易超時工作,等到發覺狀況不對時,通常已經太晚。

大家都應該彼此互相關照,留意有沒有同事把自己操得太累,不過,這個責任終究得由管理者和老闆來定調。要是主管和老闆經常像鐵打的超人般狂加班,就比較可能養成工作過度的職場文化。

37signals 公司用幾種方法來遏止員工過度工作的傾向。比方說,每年從五月到十月週休三日,讓員工趁著天氣好多去戶外走走,從辛勤工作的冬天解放紓壓。我們也會贊助員工的興趣嗜好,鼓勵大家去度假,員工可以自由選擇中意的行程,作為過節禮物。

正如你不想養一批懶惰鬼員工,你也不會想要一群鋼鐵超人。長期下來,**最棒的員工是工作時數得宜、能長期工作下去的人**。不必過多也不要偏少,剛剛好就好。通常平均一週工時四十小時最恰當。

大家竟然愛上開會。

物以稀為貴

　　碰到稀少珍貴的東西，我們通常會小心保存、珍惜欣賞，並好好保護。碰到為數眾多又常見的東西，我們在使用時通常不會多想。數量多的東西通常不珍貴。

　　員工遠距工作明顯的副作用之一，便是彼此碰面時間減少了。表面上看起來似乎是件壞事。為什麼要讓人們彼此之間的溝通變得不便？為什麼要強迫大家透過電話、電子郵件、即時通訊或視訊聊天來對話？當面溝通難道不是比較好嗎？

　　當面對話跟開會一樣，在有複雜的問題要討論，需要大量互動才能釐清來龍去脈時，是很好的活動。此時，面對面會議所發揮的功效無可取代。要是每天都舉行會議，其價值就會遞減。以往開會是進行高價值資訊交換的絕佳良機，一旦過於頻繁，就會顯得行禮如儀、疲倦乏味，浪費時間。能透過電子郵件或電話在短短幾分鐘內回答的問題，被拉長成四十五分鐘的當面對話。這種碎嘴的集會偶爾來一次還不賴，一旦變成常態，就會出問題。

　　遠距工作的好處就在此時展現。不論是經由電話、電

子郵件、Basecamp、即時通訊或 Skype 視訊通話，大部分對話都是透過虛擬媒介發生，人們反而會期待能夠當面對話的場合。遠距工作情境鮮少有當面對話的機會，開會變得彌足珍貴，也因而產生有趣的狀況：人們不會再浪費時間。瞭解開會的可貴，使得人們當面對話時，更懂得珍惜。

這種狀況在 37signals 司空見慣。由於大部分夥伴都實行遠距工作，我們很珍惜偶爾碰面的機會。全公司一年有幾次會聚集在芝加哥一週。大家會抓緊機會聊天、分組聚會。在這短短幾天的時間裡，我們的生產力驚人。要是我們常常這麼做，只會任意浪費時間。正式相聚的時間苦短，才顯得分外珍貴。

就試試看吧，把見面的機會變得比較困難，也沒那麼頻繁，你會發現人們互動的價值因此提升，絕非下降。

第七章

遠距工作者的
生活安排

用拖鞋區分工作模式和居家模式。

建立工作習慣

　　硬要說的話，標準的朝九晚五通勤方式，至少是種規律的生活習慣作息。鬧鐘會在每天差不多時間響起，然後你會搭上電車前往辦公室，回家時鬆開領帶，為自己斟上一杯加冰塊的蘇格蘭威士忌……好吧，或許你的日常生活沒這麼 1950 年代，不過你一定曉得我要講什麼。

　　在家工作賦予你更多的自由和更大的彈性。對每天困在辦公室小隔間裡、整天等著下班的人而言，這或許是他們欣羨的夢想，不過現實情況卻沒這麼簡單。要是沒有定出規範與習慣的話，事情很容易變得一塌糊塗。

　　假如你不需要於特定時間出現在某個地方，很容易就會在床上躺到中午才下床，打開筆記型電腦心不在焉地工作。或是把工作一路拖延到原本該和配偶及孩子共度的夜晚。「爸～爸～你怎麼不來陪我們看電視？」

　　或許有些人對這種飄忽不定的生活型態遊刃有餘，但大部分人都需要建立某種習慣——他們大多數時候能奉行的規律作息。我們稍後會討論怎樣運用不同技巧來區分工作與玩樂。不過說真的，我們有很多法子能規劃每天的規

律生活。

就拿舒適的運動褲來說好了。運動褲穿起來或許很舒服，不過你真該想想穿運動褲是否適合你的心境。區分工作與私人用途的電腦有其好處，同樣的道理，區分工作及玩樂時身上穿的服飾也有幫助。

這不表示你得每天穿套裝（假如這樣對你有用，就打上領結吧）。我們只是建議你，**區隔出工作與娛樂的界線**。通常只要看起來得體就行了。37signals 有位員工諾亞喜歡用拖鞋來區分，他為工作模式和居家模式各準備一雙拖鞋！不是每個人都會使用實體的物品，或需要藉此區分自己的心態，假如你發現自己每天早上很難進入工作模式中，那麼就把褲子好好穿上吧。

另外一招是把一天區分成處理雜務、協同合作及認真工作等區塊。有些人喜歡早上讀電子郵件、閱覽業界新聞和處理比較輕鬆的任務，午餐後才使出全力衝刺對付棘手的工作。

你可以根據自己所在的時區調整工作區段。舉例來說，假如大衛住在西班牙，他可以一大早趁美國同事起床前把工作完成。上午到下午的休息時段陪家人，傍晚再進行需要與人合作的任務。

　　最後，你可以利用居家環境轉換狀態。只有在專屬居家辦公室才處理公事，不要在客廳或臥房檢查工作上往來的信件，或是漫不經心地工作。

　　不同的人適合不同的方法，以上這些建立個人工作習慣的建議，請純粹當成建議。假如你能隨心所欲，輕鬆完成一切，就算真有自己的一套。大部分的人都需要建立某種規律，才能享受遠距工作的好處。不管穿不穿上褲子，請找出你自己的一套吧！

上午遠距工作

下午進公司工作

你也可以早上遠距工作，下午再進公司。

早上遠距工作，下午進公司辦公

我們在本書中一再強調，遠距工作不是非此即彼的選擇。可以部分員工進辦公室，部分員工遠距工作；或是幾天進辦公室，幾天在外工作。

你還可以繼續細分。一天中的時間安排不必只有一種選擇。你可以切割成早上遠距工作，下午進辦公室工作，這種情形在 37signals 很普遍。

福萊德通常早上在家裡工作，十一點左右進辦公室。這不代表他十一點才開始工作。他每天早上七點半到八點左右便開始工作。他會利用早上處理一些不受辦公室環境打擾的工作，下午到辦公室再進行需要與他人合作的任務。

彈性是你的最佳優勢。並非選擇遠距工作，就不能進辦公室工作。事實上對許多人來說，混合兩者是開展遠距工作的好辦法。假如你還是希望大家每天進辦公室，那麼就改成每天下午進辦公室吧。讓你麾下的將士每天早上自由運用時間。你可能會很訝異地發現，工作效率反而更高。

玩樂用的電腦

工作用的電腦

區分電腦的用途

　　工作與娛樂的模糊界線平時便難以界定了，假如你使用同一台電腦來做這兩件事，更是不可能區分。當然了，你大可一下工就關掉收信及聊天程式，不過你也很清楚自己辦不到。我們凡夫俗子沒這種自制力啊。

　　比較符合人性、也比較可行的策略，就是使用不同裝置徹底分隔這兩件事：只要把一台電腦用來工作，另外一台拿來玩樂就行了。

　　假如你用來玩樂的電腦跑不動辦正事所需要的程式，那就更棒了。用 iPad 來寫程式、做設計或許技術上辦得到，但沒什麼人真的想這樣做。

　　你可以把工作用電腦固定擺在居家辦公室裡。要是你必須大費周章才能拔下電腦上的各式鍵盤、滑鼠和螢幕線路，就更棒了。營造出必須離開舒適的沙發才能收發工作信件的環境，你晚上就不會跑回去工作，讓自己整晚好好休息，早上再開始打拚。

　　我們發現，使用完全不同的工具（比方說，用平板電腦代替筆記型電腦），可以成功轉換心情。假如你成天都

坐在電腦鍵盤前，到了晚上不如改用手指來滑螢幕。這樣同樣能使用電腦，卻沒有工作的感覺。

類似的效果也可以藉由切割工作與居家的郵件及聊天帳號達成。做起來雖然稍嫌麻煩，成效卻一樣良好。假如你的平板電腦或手機一天二十四小時都收得到工作的信件，你可能沒辦法克制自己不去看。

如今，在家裡擁有第二台、甚至第三台電腦裝置也花不了多少錢，你實在沒什麼藉口不去做。你就把 iPad 當成自己的運動褲──適合在家裡休閒時穿，但不會是你想穿去辦公室亮相的東西。

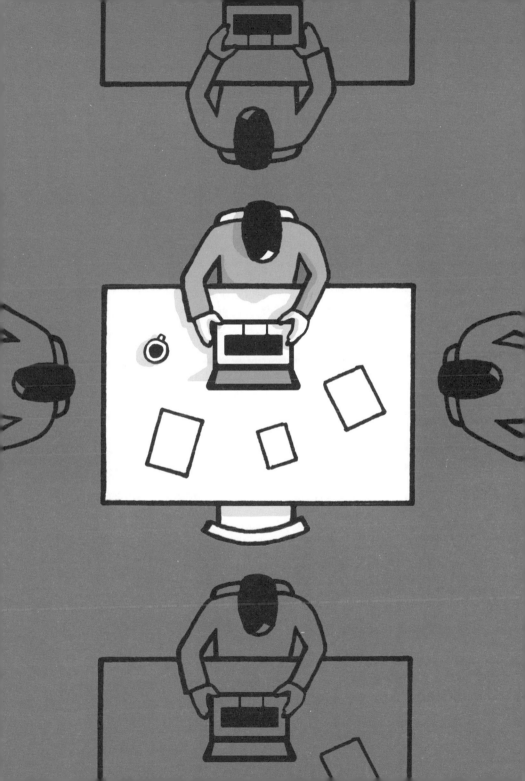

在人群中獨自工作

離開辦公室有助於提升生產力，因為這樣就沒有人能打擾你了。老闆或同事雖然還是會傳信件來（你大可一小時後再打開來看），或透過即時通訊軟體找你（你可以把狀態顯示為「離開」），不過他們沒辦法衝進來打斷你做得正順手的工作。他們得先問過你才行。

所以這有什麼不好？

對某些人來說的確沒什麼不好，不過，有些遠距工作者在完全孤立的狀態下，反而很難進入工作狀態。假如你是這種人，解決的策略很簡單：拿起你的筆記型電腦，到附近找間有無線網路的咖啡廳吧。在哪裡你可以不受同事打擾專心工作，同時擁有來自身邊人群的白噪聲。

這聽起來似乎有點違反常理，但事實上身邊有別人在，就算是你不認識的人，都能說服你的腦袋覺得唯有工作才是王道。畢竟，誰想當個坐在咖啡廳上網看貓咪照片，或打電玩的偷懶鬼？

當然，你不一定要待在咖啡廳，也可以試試圖書館、公園或共同辦公空間（我們在第 238 頁〈家裡沒多餘的工

作空間〉一節會詳細討論）。

　　跟遠距工作本身一樣，你想離開家喘口氣的地方，不必非要是哪裡不可。比方說，你可以在真正需要專心工作時，才開車到市區咖啡廳去。

找出激勵你完成工作的動力。

維持動力

動機是維持腦力運作的燃料。一個充滿動力的下午，你就能完成多天份的工作量。話說回來，要是缺乏動機，你可能耗掉一整個禮拜才能完成一天的工作量。

維持遠距工作的動力有什麼訣竅呢？管理者要如何確保遠距工作團隊裡的每個人動力十足？應該利誘，還是恫嚇他們？

一如孔恩（Alfie Kohn）在其精彩的著作《獎勵的懲罰》（*Punished by Rewards*）中所言*：兩者都不宜。想藉由獎勵或威嚇來刺激動力，效果通常不好。事實上這種做法一點建設性也沒有。

唯一能促進工作動力的可靠方法，是鼓勵人們做他們喜歡並在乎的事情，與他們喜歡並在乎的人合作。別無他法。

---

* http://www.alfiekohn.org/books/pbr.htm

　　這種說法一開始讓人很難接受，對管理者來說尤其如此。「工作本來就不是讓人覺得好玩的」，你常常聽到有人這麼反駁。或許是這樣沒錯，不過，工作為何不能兼具挑戰性、趣味又吸引人呢？將工作的樂趣說成是「好玩」，實在貶低了認真完成工作所帶來的智慧刺激。

　　所以，別把動力當成用對方法就能創造出來的東西，而要視為工作品質和工作環境的指標。假如員工的工作動力低落，或許是因為工作目標不明確或沒有意義，也可能是團隊裡其他成員的表現太過差勁。

　　假如你發現自己遠距工作得花上一週的時間，才完成一天的工作量，這就是一種警訊，千萬別視若無睹，愈早面對問題愈好。

　　不過現實狀況很少是這樣的。大部分缺乏動力的人，都會先怪罪自己。「啊，我老是愛拖延！為什麼我就是不能振作點？」事實上問題通常不在你身上，而是出在工作環境。

　　這種狀況下，最困難的不僅是強迫自己克服難關，還得鼓起勇氣挑明問題所在，扭轉致使士氣低落的工作與環境。

　　管理者若發現員工的工作表現不力，請把對方找來當

面談談。釐清到底是他厭倦不具挑戰性的工作，還是覺得自己動彈不得，遲遲不想面對感覺無能為力的狀況？想想自己有什麼辦法幫員工一把，讓他們重新上軌道。他們面臨的障礙可能是組織結構上的問題，也可能純粹是個人問題。或許他覺得自己筋疲力盡，快被榨乾了。你們沒有同在一個辦公室工作的話，可能很難發現。有時，讓員工放一兩個禮拜的假，便能恢復以往的高效率。

37signals 會讓任職三年以上的員工放一個月的長假。當然，並不是每間公司都適用，若行有餘力，讓需要抽離一段時間（而非只放兩三天假）的員工有時間好好休息，把心思放在自己、家庭或者任何值得他們分心的事情上，工作起來才會真的有動力。

動力對健康的生活及健康的公司同等重要，千萬別忽略了這一點。

我今天在巴黎鐵塔工作。

四處遊歷的自由

「退休之後我要環遊世界」是大家共同的夢想，可是為什麼要等到退休後呢？假如你的願望是走遍世界，不該等到老了才去追尋夢想。假如你採取遠距工作，就不能用「可是我得工作」來當延遲追尋生活的藉口了。

37signals 聘任不少全職或兼職的「遊牧族」，成效都很棒。我們發現，一旦雇主接受員工就算不在芝加哥或紐約這類企業總部聚集的大都會，工作成效一樣傑出，員工便能到哪裡都一樣。不論是塞維爾、阿姆斯特丹、馬里布，或是倫敦，他們想去哪裡就去哪裡。

林肯迴圈（Lincoln Loop）公司創辦人鮑格納（Peter Baumgartner）帶著妻小，從科羅拉多州搬到墨西哥的海濱小鎮，遠距經營自己的網路公司，他的員工遍佈美國、加拿大、歐洲及紐西蘭各地。目前他正計劃到歐洲避暑，根本不需要隔幾年再放長假！

可以遠距完成的創意工作，大致上只要有一台電腦和網路就行了。電腦可以隨身攜帶，現在全世界找不著網路的地方也很少了。你只要記得一件事，在茂宜島海灘或坦

帕外海的船上完成工作，並不重要（大部分狀況下，只要
有 3G 或 4G/LTE 連線都能勝任）。

　　話雖如此，你還是得遵守遠距合作的遊戲規則，比方
說，你得和工作夥伴有足夠的重疊共事時段，確保即時通
訊暢通無阻。除非你跑到世界的盡頭，這一點實在不難辦
到。事實上，假如你是個喜歡探索新地點的人，或許會真
心感激工作不必被朝九晚五給綁住。

　　四處遊歷的生活型態，經濟負擔可能比想像中來得輕
鬆。只要你沒被房貸、車貸、有線電視和其他現代生活必
需品給綁住的話，通常都有足夠的旅費。

　　當然，並不是所有人都適合四處遊歷的生活方式，甚
至不適合大多數人。不過，這是遠距工作者所擁有的選擇，
而這樣的自由在不久前還被視為癡心妄想。如今，你不需
家財萬貫或放棄事業，照樣能擁有環遊世界的餘裕。

改變工作環境有助於觸發新的想法。

改變環境轉換心情

　　允許工作團隊採取遠距辦公的好處之一，便是有機會
隨心所欲改變眼前的風景。我們的意思不是指到外地旅行
（那當然也是選項之一），而是幾天在家工作，偶爾去咖
啡館，改天再換一家咖啡館，有時則去圖書館，諸如此類。

　　一成不變容易讓創意鈍化。每天在同一時間起床、搭
同一班車上班、走同樣的路線，日復一日癱坐在固定辦公
室中同一張辦公桌前的椅子裡，實在很難激發人的靈感。

　　改變環境卻能觸發新想法。37signals 的設計師米格
很懂得享用自由改變工作地點的好處。米格雖在芝加哥工
作，每週只在下午時段進辦公室幾次，早上都在市區各咖
啡廳度過。改變環境、人群、區域和菜單，幫助他以全新
眼光看待熟悉的事物。他深信，多樣化的環境可以展現在
工作中，採用不同觀點面對同一個問題，的確是件好事。

　　千萬別以為遠距工作不過是將辦公室的日常事務搬到
家裡罷了。要是把辦公桌換成餐桌，那可不成。應該將遠
距工作當成接受更多刺激、吸收更多觀點的機會，這可是
每天同一時間待在同一地點上班時，不可能辦到的。

與家人相處的時間安排

　　那些捅出婁子來的政客或企業執行長，宣布自己下台時，常以「要多撥點時間陪家人」為藉口，這種話大家都聽到爛了，但其情可憫。沒有人會在嚥下最後一口氣前，後悔自己沒在辦公室待久一點；但許多人確實希望自己要是能多陪陪家人該多好。

　　只要算算每天早上急忙準備出門、通勤，還有下班後繼續待在辦公室裡的時間，你就會發現，自己每天真正能跟家人相處的時間實在少得可憐。遠距工作（尤其是在家工作和彈性工時）能大幅改善時間分配的問題。想想你可以每天早上毫無壓力地陪家人共進早餐，花半小時跟家人共進午餐並在院子裡玩耍，或是不必請一整天假就能在家陪伴生病的孩子。

　　隨時親近家人是彌補不能與同事每天互動的好方法。照現有的日常社交互動來看，居家型的人較容易適應遠距工作的型態。

　　假如工作時偶爾難免被別人打擾，你難道不會寧願是幫另一半的忙嗎？

　　不難看出，遠距工作是一項人人皆能受益的安排。如果只消五秒鐘就能走到辦公室，愛家的人就能多花點時間在工作上，不必被罪惡感及壓力纏身。因此遠距工作的結果便是：更有品質的工作、更良好的協同合作，和更佳的商業成果。

家裡沒多餘的工作空間怎麼辦？

　　不是每個人的家裡都有多出來的臥房能改裝成家庭辦公室，這並不表示你沒辦法遠距工作。我們之前便討論過，遠距工作不等於在家工作。

　　對於不想被綁在辦公室裡工作的人來說，選擇多得是。正如我們在第 250 頁對〈在人群中獨自工作〉的討論結果，最簡單的方案就是利用咖啡廳。許多人都能在各式各樣的咖啡廳裡全天候工作。

　　假如你想要找個固定的解決之道，也可以跟別人的公司租張辦公桌。我們多年來都跟芝加哥的庫達爾廣告設計公司（Coudal Partners）租四張辦公桌。這個經濟實惠的方案讓我們除了自己家，還擁有遠距工作的據點，並享有庫達爾好友們的陪伴。就算只租一張辦公桌也沒道理不行，對吧。

　　如今各大城市出現愈來愈多共用辦公空間，其運作的概念與分租別人辦公室裡的多餘空間一樣，只不過，在共用辦公空間裡每個人都是來分租的。絕佳的空間感，巧妙融合了與同事在辦公室工作和在咖啡廳一個人工作的感

覺。

　　雷格斯在全球一百個國家的六百座城市設有日租辦公室，和遠距工作者共用的「輪用辦公室」（hot desk）*。流動空間（LiquidSpace）也提供類似服務，他們幾乎在全美各州都設有據點，同時計劃拓展至全球。你可以上網預訂，或是使用手機應用程式指定使用時間、地點以及「個人工作模式」。你可以說明最適合你的環境（單人辦公室或是開放式共享空間），還能事先看到照片再選擇。+

　　你可以在辦公大樓租一間基本的套房，雷格斯也提供這樣的服務。雖然自己租一間套房可能是花費最高的方案，但總比把人從原本居住地搬到另一個城市便宜許多。

---

* www.regus.com

+ https://liquidspace.com

MAKING *Sure* YOU'RE NOT IGNORED

別讓自己遭到冷落

別讓自己成為孤島。

不要被忽視

　　遠距工作者可能會擔憂自己被別人忽略。「同事見不到我，會重視我的意見嗎？假如我沒在公司出現，同事知道我是誰嗎？」表面上看來，這種憂慮可以理解，解決方法其實非常簡單。

　　工作上不想被忽視，有兩種基本做法。一是大吵大鬧。二是持續進步，有突出表現。幸好，「成果」是衡量遠距工作者唯一重要的指標。

　　當我們 2005 年第一次聘用全職的遠距程式設計師時，他的工作表現令我們驚豔無比。傑米斯住在猶他州，距離芝加哥總部一千四百哩遠。但他在破紀錄的時限內交出優異的程式碼，而且不必瘋狂加班就辦到了。雖然我們不曾碰過面，也極少聽見他的聲音，他的工作表現我們卻一清二楚。他的「生產力」，幾乎不可能被忽視。

　　八年過後，傑米斯依然任職於 37signals，只不過他離開猶他州，去了愛達荷州。

結論

那些年我們待過的辦公室

三十年後，隨著科技持續進步，人們回首今日不禁會納悶，以前怎麼有辦公室這種東西存在。

——維京集團創辦人　布蘭森*

由於扭轉局面的引爆點難以預測，大部分的人都假裝這天永遠不會來臨，省得麻煩。不過，引爆全面性遠距工作的時刻即將來臨，辦公室或許不會全然絕跡，但其重要性只會持續下降。

與傳統辦公室典範大相逕庭的另一種人生，對許多人而言實在太過美好，而無法想像。基本自由的進展，像是決定要在哪裡工作，大致上都是循序漸進而來。或許由於規劃不周或者無端念舊，實行遠距工作難免會在某些方面出現挫折，但長期來看不過是一時的波瀾罷了。

---

* http://www.virgin.com/richard-branson/one-day-offices-will-be-a-thing-of-the-past

　　從現在到以遠距工作為主的時代全面來臨前，這樣的
爭論只會愈演愈烈，人們的態度也會更加涇渭分明。就印
度聖雄甘地所說的改變之路看來，遠距工作如今已度過前
兩個階段：「一開始他們忽略你，然後嘲笑你，接著奮力
抵抗你，最後你就贏了。」我們目前正處於最艱困的抵抗
階段，這也是勝利的最後一哩路。

　　成就斐然且備受尊敬的前紐約市長彭博（Michael
Bloomberg）在 2013 年初講過一段話：「我常說，在家
辦公是我所聽過堪稱愚蠢的想法之一。沒錯，有些事情的
確可以在家裡處理。不過線上聊天就是比不上站在飲水機
前哈啦。」這句話讓我們明白，要使人們理解遠距工作的
益處，還需要付出更多努力。*

　　所謂積習難改。陷得愈深愈難脫身。對彭博市長這樣
的人來說，過去數十年來他習慣與工作夥伴並肩作戰，抬
起頭就能「看見」大家有在努力工作，這已是根深蒂固的
習慣（這一點在他市長辦公室尤其明顯，放眼望去一片開
放式的辦公隔間，像極了證券交易廳）。挑戰積習向來是

---

* http://www.capitalnewyork.com/article/politics/2013/03/8071699/
michael-bloomberg-agrees-marissa-mayer-telecommuting

風險極高的任務，畢竟直到地球被證明是球體之前，人們打死都相信世界是平的。

或者正如蝙蝠俠系列電影《黑暗騎士》中雙面人丹特（Harvey Dent）所言：「黎明前的暗夜最為闃黑。我向你保證，黎明即將來臨。」

遠距工作已經是正在發生的事實，而且會繼續進行下去。唯一的問題在於，你究竟會是早期採用者、早期大眾、晚期大眾，還是變成落後者。*你現在想成為創新者已經來不及了，但想當早期採用者的話，還綽綽有餘。 一起加入我們的行列吧。

---

* *Diffusion of Innovations*, Everett Rogers (1962)

遠距工作百寶盒

我們目前所使用的遠距工作工具，價格都十分平易近人，大部分只需支付合理的月費。以下就是我們百寶盒裡的工具。

Basecamp。這是我們發展所有產品的基地，透過這個基地可以進行群組討論、分配並追蹤工作進度、排定行事曆、集思廣益、分享並討論檔案，並且形成正式決定。不論員工住在哪裡，到哪裡工作，都能透過網頁瀏覽器或手機使用 Basecamp（使用最傳統的電子郵件也行）。我們每天在 Basecamp 上頭跑將近三十個獨立的計畫案。請參考 http://basecamp.com。

WebEx。當我們需要分享畫面，跟不在辦公室裡的人展示產品，或是召開具說明性質的電話會議時，WebEx 都是我們的頭號選擇。請上 http://webex.com 瞧瞧。有時，我們也會採用其他替代方案，包括：Go-To-Meeting（http://gotomeeting.com）和 Join.Me（http://join.me）。

Know Your Company。假如你是員工人數約莫二十五至七十五人的公司執行長或老闆，卻苦於無法瞭解員工對公司本身、企業文化、領導風格、管理方式、職場氣氛、決策過程的想法，Know Your Company 正是上天賜給你最好的禮物，可以幫助你掌握公司內部隱諱的真實情況。對採行遠距辦公的公司尤其重要，因為你比較少當面見到員工，遠距工作文化也較難以管理。請參考 http://knowyourcompany.com。

Skype。這個長駐電腦的元老級產品依然存在，是因為它實在太好用了！不管打國際電話、電話會議、視訊會議，甚至是最基本的畫面分享都很好用，要跟不在身邊的人講話時選 Skype 準沒錯。不僅可靠度高、廣為使用，而且幾乎在各種平台都能使用。請見 http://skype.com。

即時通訊。想要用文字快速聊天，實在很難找到比即時通訊更好的方法。麥金塔用戶可以選擇 iChat/Messages，Google 的 Gchat 也很好用。要是你比較技術導向，也可以自行架設 Jabber 伺服器（請教公司裡的資訊人員）。

Campfire。我們公司每個人天天都會登入 Campfire 群組聊天室。Campfire 為全公司打造出持續不間斷的聊

天室。人們可以隨時登入登出，不會覺得自己狀況外或搭不上話。有問題不曉得答案，來這裡問就對了。甚至可以為特定計劃或團隊設立專屬聊天室。請參考 http://campfirenow.com。

Google Hangouts。這個新面孔的實力不容小覷。利用 Google Hangouts 可以極其簡單地與至多十個人展開非公開的視訊會議。人們藉由筆記型電腦的網路攝影機或手機上的相機鏡頭便能加入會議。這項服務的技術水準一流，還有一些很棒的功能，能標示出「正在發言」的人，逼真地模擬出所有人聚集在同一房間裡的感覺。我們愈來愈常用來舉行臨時的群組視訊會議。請見 http://google.com/hangouts。

Dropbox。你若想將公司檔案集中存放於一處，又想從自己的電腦存取檔案，那麼 Dropbox 絕對合適。把檔案加到 Dropbox 後就會被儲存在雲端，同時存在任何一台裝有 Dropbox 的電腦、手機或平板上。它可以跨團隊、國家與洲使用。假使你慣用微軟產品，SkyDrive 是不錯的選擇（http://skydrive.live.com）。

Google 文件（Google Docs）。想要多人即時合作撰寫文件、試算表或 PowerPoint 簡報，或是想找個可靠

的地方儲存文件的最新版本，Google 文件是絕佳選擇。
網址：http://docs.google.com。

共同辦公空間。遠距工作近年來最棒的發展，就是「共同辦公空間」愈來愈普及。人們可以租張辦公桌，時間可長可短，從一天、一週、一個月甚至更久都沒問題。這種空間很適合每週想離開居家環境幾天的遠距工作者，或是出門在外臨時需要辦公桌的人。

雷格斯（http://regus.com）是全世界據點最廣的業者，還有流動空間（https://liquidspace.com），以及區域型共同辦公空間，包括辦公時間（Desktime，http://www.desktimeapp.com）和共同辦公維基（Coworking Wiki，http://wiki.coworking.com/w/page/29303049/Directory）。

致謝

　　首先，我們要感謝 37signals 全體員工，他們不僅啟發本書的靈感，也詳加審查手稿，具體證明遠距工作能為員工與雇主創造雙贏。

　　此外，我們還要謝謝下列公司與個人大方接受訪問，分享遠距工作的習慣與經驗。他們的回饋充實了書中多篇文章，也提供不少靈感。

Carabi + Co	Alex Carabi
Lincoln Loop	Peter Baumgartner
The Jellyvision Lab	Amanda Lannert
Accenture	Samuel Hyland and Jill Smart
Brightbox	John Leach
Herman Miller	Betty Hase
TextMaster	Benoit Laurent
Ideaware	Andrés Max
Fotolia	Oleg Tscheltzoff

FreeAgent　　　　　　　　Olly Headey

BeBanjo　　　　　　　　Jorge Gomez Sancha

HE: Labs　　　　　　　　Pedro Marins

SimplySocial　　　　　　Tyler Arnold

The IT Collective　　　　Chris Hoffman

American Fidelity Assurance　Lindsay Sparks

SoftwareMill　　　　　　Aleksandra Puchta

Perkins Coie　　　　　　Craig Courter

　　最後，我們要感謝潔米（Jamie Heinemeier Hansson）
協助訪談、研究、改寫、評論手稿。沒有她的付出，本書
勢必大為失色。

感謝您閱讀此書

　　希望本書能激發你嘗試遠距工作的勇氣。倘若你早已開始遠距工作，希望你能因此放心，自己是走在時代前端，而非落隊在後。

　　無論你是否已展開遠距工作，我們都想聽聽你的意見。假如你有遠距工作的成功案例要分享，或者你根本就是個遠距工作達人，歡迎致函 remote@37signals.com。我們會閱讀每一封來信，並盡可能回覆——這點我們敢保證。

　　37SIGNALS 的首頁：

　　http://37signals.com

　　我們會在 37signals 部落格分享想法與意見，還有我們們喜歡的東西：

　　http://37signals.com/svn

本書官方網站：

http://37signals.com/remote

我們另外一本著作《工作大解放：這樣做事反而更成功》的官方網站：

http://37signals.com/rework

倘若你有興趣了解我們目前在忙什麼有趣的事，歡迎訂閱「保障不瘋狂轟炸」電子報：

http://37signals.com/subscribe

工作生活 BWL081

遠距工作模式：麥肯錫、IBM、英特爾、eBay都在用的職場工作術
REMOTE: Office Not Required
（原書名：遠距工作，go！：雲端時代企業與個人的美好生活主張）

作者——福萊德　Jason Fried、漢森　David Heinemeier Hansson
譯者——陳逸軒

總編輯——吳佩穎
書系主編——蘇鵬元
責任編輯——鄭佳美（第一版）、蘇鵬元、王映茹（第二版）
封面設計——張議文

出版人——遠見天下文化出版股份有限公司
創辦人——高希均、王力行
遠見・天下文化・事業群 董事長——高希均
事業群發行人／CEO——王力行
天下文化社長——林天來
天下文化總經理——林芳燕
國際事務開發部兼版權中心總監——潘欣
法律顧問——理律法律事務所陳長文律師
著作權顧問——魏啟翔律師
社址——臺北市104松江路93巷1號
讀者服務專線——02-2662-0012｜傳真——02-2662-0007；02-2662-0009
電子郵件信箱——cwpc@cwgv.com.tw
直接郵撥帳號——1326703-6號　遠見天下文化出版股份有限公司

電腦排版——bear工作室
製版廠——東豪印刷事業有限公司
印刷廠——祥峰印刷事業有限公司
裝訂廠——中原造像股份有限公司
登記證——局版台業字第2517號
總經銷——大和書報圖書股份有限公司｜電話——02-8990-2588
出版日期——2014年04月25日第一版
　　　　　2020年04月29日第二版第一次印行

國家圖書館出版品預行編目（CIP）資料

遠距工作模式：麥肯錫、IBM、英特爾、eBay都在用的職場工作術／福萊德（Jason Fried）、漢森（David Heinemeier Hansson）著；陳逸軒譯. -- 第二版. -- 臺北市：遠見天下文化，2020.04
256面；14.8×21公分. --（工作生活；BWL081）

譯自：REMOTE: Office Not Required

ISBN 978-986-479-981-7（平裝）

1. 企業管理 2.電子辦公室

494　　　　　　　　　　109004755

定價——360元
ISBN——978-986-479-981-7
書號——BWL081
天下文化官網——bookzone.cwgv.com.tw

天下文化
BELIEVE IN READING